U0102545

海峡出版发行集团 | 鹭江出版社
THE STRAITS PUBLISHING & DISTRIBUTING GROUP

华夏生物传奇

番薯立功

——华夏食物传奇

萧春雷 著

2023年·厦门

图书在版编目（CIP）数据

番薯立功 : 华夏食物传奇 / 萧春雷著 . -- 厦门 ：
鹭江出版社，2023.5
　（华夏生物传奇）
　ISBN 978-7-5459-2134-2

　Ⅰ . ①番… Ⅱ . ①萧… Ⅲ . ①饮食－文化－中国－普
及读物 Ⅳ . ① TS971.2-49

中国国家版本馆 CIP 数据核字（2023）第 050083 号

FANSHU LIGONG

番薯立功

萧春雷　著

出版发行：鹭江出版社
地　　址：厦门市湖明路 22 号　　　　　　　　　邮政编码：361004
发　　行：福建新华发行（集团）有限责任公司
印　　刷：福州德安彩色印刷有限公司
地　　址：福州金山工业区浦上园 B 区 42 栋　　　联系电话：0591-28059365
开　　本：700mm×980mm　　1/16
印　　张：7.75
字　　数：85 千字
版　　次：2023 年 5 月第 1 版　　2023 年 5 月第 1 次印刷
书　　号：ISBN 978-7-5459-2134-2
定　　价：29.80 元

序

孙绍振	教育部语文课程标准评审专家
	教育部语文培训专家
	教育部北师大版初中语文课本主编
	福建师范大学教授、博士生导师

我们需要高品质的儿童读物

印象里的萧春雷，不太会和小孩子说话，也不怎么讨好孩子。怎么有一天，他去写作儿童读物了？

他说，为了适合孩子阅读，写作时特意降低了阅读难度。的确，与他的其他文章比，他把直接引语都改成了间接引语，把古文都翻译成了白话，还殷勤地配上了注音和注释，大大减少了儿童读者的阅读障碍。但我注意到，他散文中特有的品质，叙述语言的优雅和思想情感的深邃，并没有随之降低。可见他是信任孩子的智力和理解力的。

我们见到很多儿童读物，完全使用低幼化的语言，低幼化的思维，蹲下身子与孩子说话。这套书很特别，作者没有故作小儿语，而是站着与儿童说话，分享自己的感悟。他告诉我，书中的部分文章曾拿给一些小学四五年级的学生看，他们不但理解，还说很喜欢，他因此有信心继续创作。这也引起我的思考，我们应该怎样与孩子对话？

有意思的是，这套书的第一本《会飞的鱼——华夏海洋生物传奇》连我也读得津津有味。我突然大惊，我是不是返老还童了？书中记述了18种海洋生物，应该属于科普读物。书中也有动物学名、分布范围、生物学特性，但单纯的科学知识是冷冰冰的，很少这么富有情趣。这本书引用了大量的古代神话、传说和文献记载，写的是中国文化里的海洋生物，它们有温度，能够牵动我们的情感，实际上，应该属于科学人文读物。科学和人文是两种不同的东西，有时候简直水火不容，但萧春雷进行了很好的嫁接，让人文有了根基，科学有了人性。

差不多20年前，萧春雷就出版了《文化生灵》《我们住在皮肤里》等著作，是福建著名散文家。我在评论中称他的散文为"智性散文"，虽然他长于历史故实和人文典故，但"他全力以赴的目标是智慧，特别是追求智慧生成的趣味"。读他这套"华夏生物传奇"，我发现我当年的判断仍然有效。

萧春雷说，他想用文字重建"华夏生物圈"，所以出版了《会飞的鱼——华夏海洋生物传奇》之后，又出版了《猫的诱惑——华夏动物传奇》《艾草先生——华夏植物传奇》和《番薯立功——华夏食物传奇》。他希望通过讲述最常见的动物、植物、海洋生物和农作物故事，让孩子们明白，古代中国人是如何看待这个世界的，中国古代的文明，包括哲学、文化、艺术和诗歌，诞生于怎样一种环境。

作者志存高远，很好。我想到的却是孔老夫子的教诲。孔夫子劝人读《诗经》，说可以多识鸟兽草木之名。萧春雷的这套书，最大好处也是可以让孩子们多识鸟兽草木，让他们了解到，我们身边的鸟兽草木有这么多的故事、知识和智慧。

萧春雷是好学深思的作家，常常在平常之处，有出人意料的发现。例如他说古人很少吃牛肉，证据是很多食谱都没有牛肉制品，"牛肉成为重要肉食，两次都与游牧民族入主中原有关，一次是北魏，一次是元朝"。那么，为什么梁山好汉总是切牛肉下酒？这是因为《水浒传》是元代作家施耐庵虚构的小说，作者想当然以为，宋朝也像元朝一样大吃牛肉。(《猫的诱惑·以牛为命的民族》)这种新人耳目的小问题、小论点，书中随处可见，饶有情趣。

我长期生活在福州，对榕树很熟悉，但很少去关心榕树最北分布到哪里。他引经据典，从福建古代民谚"榕不过剑""榕不过浙"，到广东民谚"榕树逾梅岭则不生"，再到江西民谚"榕不过吉"等等，结合个人经验，得出结论："我们画条线连接浙江台州、福建南平、江西吉安和湖南永州，就勾勒出了我国东部榕树自然分布的北疆。"(《艾草先生·榕阴之下》)他对竹林和大象的地理分布，家兔与野兔的物种差异，也兴致盎然，体现了科学精神和深厚的人文地理素养。

五谷百蔬，是我们餐桌上每日的食物，没有它们，人类就要饿死，包括英雄和美女。但常见谷蔬也有不寻常的故事。例如作者说，小麦从西亚传来时，不知为什么没有传来做面包的技术，中国人吃错了两千多年，阴差阳错，最后独立发明了东方面食文化——馒头面条等。他安慰自己："至少我觉得，面条是一种比面包更了不起的发明。"（《番薯立功·从麦饭到面条》）在他的笔下，蔬菜之间的竞争更加惨烈，白菜击败葵菜，萝卜取代芜菁，辣椒压倒花椒，大浪淘沙，成王败寇。每一种荣登我们餐桌的食物，都身世不凡。

我注意到，尽管是儿童读物，这套书仍然保持了很高的文学品质。萧春雷特有的鞭辟入里的表达能力，出人意料的想象力，独到的个人趣味，与史料天衣无缝的对接化用，让文章有一种特殊的感染力，读起来酣畅淋漓，充满汉语的美感。例如他写螺："螺创造了自己的线条，我们命名为螺旋、螺纹，以示敬意……螺身上的纹路，仿佛大风刮过，记录了螺旋的速度、方向和力量。犹如陀螺，螺以自己为原点，在高速的螺旋中站立，平衡，创造出自身，像一座塔那样笔直。它为什么旋转？有一条我们看不见的鞭子抽打它吗？"（《会飞的鱼·旋转出来的单身公寓》）这样的才情与智慧，通贯全书，一定来自上帝的赐予。

在儿童读物琳琅满目、泥沙俱下的今天，我们需要刚健、优美，又能体现民族文化的优秀读物。很多人认为，没有什么"雅俗共赏、老少咸宜"的书，这是懒惰和愚钝的借口，实际上很多经典做到了，这套"华夏生物传奇"丛书也做到了。

目录

〖水稻〗

我国百越先民最早栽培水稻,吃上了香喷喷的米饭。

什么也不如米饭养人

认识世界,从最重要的事物开始。

据《世说新语》记载,东晋简文帝出门,打听田里长的是什么草,回答说稻。他回宫后闭门三日,感叹说:"宁有赖其末,不识其本?"大意是,哪有依赖稻谷养活的人,却不认识水稻的模样呢!他感到惭愧。今天还有人不认识水稻,但没有这位皇帝谦虚。

◀我国百越先民最早驯化了水稻,然后往东、南、西三个方向传播,其中西线传入缅甸、印度。(缅甸)佚名《割稻的妇女》,1897年

　　水稻是世界上最重要的粮食作物,主要分布于东亚、东南亚和南亚,养活了全球近一半的人口。另一种重要粮食作物小麦主要分布于欧美、西亚和我国北方,养活了全球另外近一半的人口。吃米饭的人与吃麦面的人是两大群体。明末来华的一名神父见到中国人吃饭,大为惊奇,写道:"一盘不加盐的米饭,就是当地一日三餐的面包。"

　　中国人什么时候开始种稻?水稻最早起源于哪里?半个世纪前,几乎所有的欧美学者都相信,水稻起源于印度。美国《康普顿百科全书》1994年版还写道:"根据历史学家追溯的材料,种植稻的发源地在印度,大约在公元前3000

●驯化:通过改变野生动植物的遗传性状,使其丧失野性,成为人类家养动物或作物的过程。人类驯化动物最成功的有鸡狗猪等家畜,驯化植物最成功的是稻麦粟等农作物。

▼嘉禾,指长势特别优异的稻谷,通常一茎多穗,象征着丰收和祥瑞。（元）佚名《嘉禾图》

年。"不过,如果今天还有人坚持这种观点,就会成为笑柄。

最近数十年,中国考古界做出了很多震惊世界的发现,先是在浙江河姆渡遗址出土了7000多年前的碳化稻谷,接着又在湖南玉蟾岩、江西仙人洞、浙江上山等古人类遗址发现了1万多年前的稻谷遗存,完全改写了历史。2011年,美国科学家对水稻基因组的一项研究表明,栽培稻约8500年前起源于中国长江中下游地区,3900年前分化出粳（jīng）稻和籼（xiān）稻两个亚种。

也就是说,生活于我国东南地区的百越民族,才是水稻的驯化者。他们最早栽培水稻,吃上了香喷喷的米饭。大约四五千年前,水稻开始向三个方向传播:东传朝鲜、日本,南传东南亚地区,西传缅甸、印度。百越民族的后裔壮侗（dòng）语族,即我国西南地区的壮、侗、傣、布依、水、黎等现代民族,拥有悠久而灿烂的稻作文化。

在主要粮食作物中,水稻是唯一一种水生植物,需要水田种植。建

◀从福建、台湾出发的南岛语族史前大航海,将水稻传播到了东南亚和太平洋群岛。
夏威夷木版画《插秧》,爱丽丝·普尔绘制,1923年

造水田是很大的工程,首先要确保水源充足,其次要平整土地,修筑田埂,开挖渠道,建立完善的灌水、排水系统。种稻要根据天象和节气,播种、育秧、插秧、耘田、除草、施肥、收割、晒谷……忙碌百余天后,终于收谷入仓。这还没完,稻谷并不是大米,食用前还要经过砻(lóng)谷脱壳、舂米去糠,才变成一粒粒晶莹剔透的白米,可以蒸煮成饭。

　　中国人热衷于种稻,与水稻产量高,能养活更多的人口有关。我国耕地严重不足,在袁隆平等农业科学家的努力下,水稻平均亩产达到900多斤,居世界前列。我国常年水稻种植面积

▶水稻春生夏长、秋收冬藏,古人认为得四时之气、阴阳之和,是最完美的粮食作物。如今,稻米养活了全球近一半的人口。

占世界的20%，却生产了全世界近40%的大米，是世界最大的稻米生产国。稻米养活了我国六成的人口。

古代的五谷，是黄河流域华夏族提出的概念，未必包括长江流域的水稻，但米饭香甜，自古就有"五谷以稻为贵"的说法。在孔子看来，"食夫稻，衣夫锦"（吃米饭、穿锦衣）就是难得的人生享受。

清代名医王世雄说："粥饭为世间第一补人之物。"他不能想象，离开米饭，天下还有什么东西可以成为主食。这倒让我想起母亲的话。不论我吃下了多少酒食菜肴，母亲总是劝我再盛碗饭，她的意见是："什么也不如米饭养人。"我说外国人不吃米饭，吃面包。她将信将疑："那也能当饭吃？"

籼稻与粳稻

水稻是中国古代南方民族驯化的作物，分为两个亚种：籼稻（印度型）和粳稻（日本型）。籼稻喜温耐热，主要分布于南方热带、亚热带地区，特点是谷粒细长，米饭的黏性小，例如丝苗米。粳稻耐寒，主要生长于北方中高纬度地区，谷粒圆短，米饭黏性较大，例如东北米。1928年，日本农学家加藤茂苞将籼稻命名为"印度型"、粳稻命名为"日本型"——尽管这两种水稻都是古代中国人培育出来的。遗憾的是，这种错误至今无法纠正。

【小麦】

小麦传入中国，人们长期粒食，吃错了两三千年。

从麦饭到面条

春天，无论是肥沃的八百里秦川，晋南黄土高原，还是辽阔的华北平原，到处是绿油油的麦地。夏天，麦子成熟，田野金黄。作为北方栽培面积最大的粮食作物，小麦的生命色决定了大地的基本色。回想历史，小麦的本土化道路相当坎坷，长期充当一个配角，不免让人感慨。

普通小麦 8000 多年前出现在西亚地区，

▲小麦是我国北方的主要粮食作物,每年收成如何,是关系国计民生的大事。清乾隆皇帝亲自作《割麦行》诗,命大臣裘曰修抄录,宫廷画家绘制《割麦图》。画面描绘了农家收割小麦的丰收场景。　　　　　(清)《裘曰修书御制割麦行》《割麦图》局部),1772年

4000多年前经过新疆、河西走廊,传入我国北方。在甲骨文里,"麦"写作"来"字,意思是远道而来的作物。先秦时期,小麦已经名列"五谷"之一,"五谷"之首是本土驯化的粟(sù,小米)。

自古以来,我国就形成了顺应自然、春种秋收的农业生产方式。按《荀子》的说法,就是"春耕、夏耘、秋收、冬藏"——春天耕种,夏天耘田,秋天收割,冬天储藏。小麦初来乍到,也被春天种下,秋天收割,叫春小麦。到了东周时期,人们发现秋天种麦,来年夏天收割,产量更高,这就是冬

●河西走廊:位于我国甘肃省黄河以西的一个狭长通道,连接中原与西域,因形如走廊而得名。河西走廊是古代丝绸之路的必经之地,走廊上有武威、张掖、敦煌等名城。

小麦。

农林专家樊志民教授认为，冬小麦的发明是一大创举，堪称最早的反季节作物。他说："小麦是引进作物，我们这边的气候与它原产地不一样。小麦耐寒，它要经过一个积温期，不然就是一种草，不结穗子。后来人们发明了冬小麦，就是秋天播种，让它有个冬眠期，叫宿麦，才解决了问题。对传统的春种秋收观念来说，这是颠覆性的。"

不知为什么，小麦传入中国时，西方烘烤面

小麦传入两千多年后,中国人独立发明了东方面食文化——馒头、面条、煎饼、水饺等。很多中国人觉得,面条是比面包更伟大的发明。

包的技术没有同时传来。中国人吃大米、小米，都是粒食，也就是将谷粒脱壳，蒸煮成一粒粒的米饭。但粒食的麦饭又粗又硬，口感不佳，即使将它碾碎煮饭，也不如小米。唐代学者颜师古说："麦饭、豆羹，皆野人农夫之食耳。"古代的麦饭，是下层百姓和饥民的食粮。

战国时期，我国出现了旋转石磨，能够将谷物磨成粉末。但是将麦粒磨粉，加工为馒头、包子、面条等面食，汉代才出现，唐代普及。面食才是小麦的正确食用方法，口感大大改善。日本学者筱田统曾把小麦与面食比喻为一对双胞胎，断

一犁甘雨浃
郊原千亩芃
芃麦颖翻祈
实滋荣民足
食天桃稂李
岂同论

清明二候
麦花

◀小麦暮春开花，白色，寿命非常短促，不到半小时就匆匆谢幕。(清)董诰《二十四番花信风图·清明二候麦花》

▶法国南部的普罗旺斯省,后印象派大师梵高画笔下农夫收割小麦的场景,天空碧蓝,麦地金黄。

(荷)文森特·梵高《普罗旺斯的收获》,1888年

言:"世界上不管什么地方,只要栽培小麦,就同时发展了面食技术。"然而在中国,这对双胞胎落地的时间差了约2000年,堪称难产。

面食普及后,小麦的种植面迅速扩大。唐初以前,历代政府征收租税,都以交纳粟为正粮,其他粮食均属于"杂种"。唐代中期明确将小麦作为国家征收租税的对象,与粟平起平坐。这是一个标志性的事件,小麦终于摆脱了粟的阴影,扬眉吐气,反宾为主。

小麦是有史以来最成功的外来物种,但也花了3000多年的时间,才登上中国北方首席粮食作物的宝座。宋元明清,我国的农业生产格局变

成了"南稻北麦",延续至今。

河南是我国小麦主产区,约占全国产量的四分之一。有一年春末,我到荥阳刘庄采访,广袤的黄淮平原上一片青绿,小麦正在抽穗。村里的老人感叹说:"过去种小麦,用牛犁地,播种全靠人力。除草、拔草三四回。收割用镰刀。麦穗割回来晒干、石碡压、扬场,忙得不可开交,亩产不过两三百斤。现在小麦品种好,机耕、机播、机收,全部机械化,除草用杀虫剂,人闲得发慌,亩产也有八九百斤。变化太大了。"

放眼全球,小麦的产地遍布欧洲、西亚、北非、北美和中国北方,养活了全球超过三分之一的人口,与水稻双峰并峙。

有意思的是,在漫长的本土化过程中,中国人始终没有发明烘烤面包,然而别开生面,创造性地发明了东方面食文化——适合蒸煮的馒头、包子、饺子和面条,拓展了小麦的食用空间。近代,面包姗姗来迟,并没有改变中国人的饮食习惯。至少我觉得,面条是一种比面包更了不起的发明。

小贴士

"原汤化原食"的由来

小麦是外来作物,中国医学迟迟难以接受,不少医家认为小麦"有小毒"。怎么办呢?古人想了很多办法解毒。唐代医药学家孙思邈认为,花椒、萝卜可以克制面毒;宋代笔记《泊宅编》记载,吃完面后,再喝碗面汤,能解面毒。如今,小麦有毒论早已破产,但北方还流传"原汤化原食"的习俗,说吃完捞面或水饺后,应该再喝一碗面汤,帮助消化。

【玉米】

有一天人类消失了，水稻和小麦会重新野化，只有玉米忠诚地为人类殉葬。

包谷后来居上

我们星球上最肥沃、最广袤的土地，留给了三种主要粮食作物：玉米、水稻和小麦。水稻养活了全世界近一半的人口，小麦养活了超过三分之一的人口，其他人则以玉米、马铃薯、木薯等为主食。

玉米属于禾本科玉蜀黍属，原产于中美洲墨西哥南部，印第安人从9000年前就开始驯化玉米。玉米穗的造型颇为奇特，一个棒槌形的玉米芯，外面紧密地粘附着一排排籽粒。通常，野生果穗成熟后就会脱落籽粒，散向四方，繁殖出更多的后代。印第安人要解决的首要问题是，让果穗成熟后籽粒也不会脱落，方便人类采收。

玉米的驯化十分成功，脱胎换骨，以至于科学家找不到它们的野生祖先，争论了上百年。近年来通过基因测序，多数学者相信玉米由大刍

◀稻米哺育出温润的东亚文明，小麦哺育出强悍的欧洲文明，玉米则哺育出魔幻的美洲文明。图为墨西哥地区的阿兹特克人在储存玉米。

意大利佛罗伦萨手抄本插图，16世纪末

►玉米造型奇特，与中国传统的粮食作物截然不同，李时珍命名为玉蜀黍。左图绘制于清初，想象的成分居多；右图完成于19世纪40年代，颇为准确。
左图：(清)陈梦雷《古今图书集成》"玉蜀黍图"
右图：(清)吴其濬《植物名实图考》"玉蜀黍"

(chú)草驯化而来。野生大刍草的果穗很小，只有2.5厘米，十几个小籽粒，外壳坚硬。印第安人以巨大的耐心，一代又一代精心培育，渐渐地，果穗变大了，籽粒增加了，果壳变薄了。考古学家出土了一些5300年前的玉米棒子，每根上面大约有50个籽粒。对比一下，现代玉米的果穗长达30厘米，籽粒约1000个，并且没有果壳。驯化是一种缓慢而惊人的力量。

也有人说，玉米被过度驯化了，已经失去自然繁衍的能力。烂在地里的玉米棒子，籽粒们还挤成一团，发芽后争夺营养，难以成活。换句话说，离开了人类的播种，玉米将会灭绝。这种依赖

◀玉米初入中国时,受到的欢迎远不如番薯,记载很少。这是明人留下的珍贵玉米图像。(明)佚名《花果册·玉蜀黍》

让人感动,有一天人类消失了,水稻和小麦会重新野化,只有玉米忠诚地为人类殉葬。

大约明朝嘉靖年间,玉米传入中国。1563年,杭州诗人田艺蘅写了两首《御麦》诗,在题记中惊奇地描述:御麦(玉米)旧名番麦,曾经在皇宫中种植,故称御麦,果穗如拳而稍长,籽粒如芡实而莹白,花开顶部,果实却结在枝叶间,"真异谷也"!

然而在明代,玉米的地位远不如番薯(甘薯)。大学者徐光启最关心农业,曾撰写《甘薯疏》

●《农政全书》：明代著名学者徐光启编撰的大型农书，1639年刊印，囊括了明代农业生产和人民生活的各个方面，是我国古代五大农书之一。

推广番薯，对于玉米，仅在《农政全书》中简单提了一句："别有一种玉米，或称玉麦……盖亦从他方得种。"他没有意识到，玉米具有更为远大的前景。

玉米与我国传统农作物大异其趣，引起了命名的混乱。不知为什么，最初被归为毫不相干的麦类，称番麦、玉麦、西天麦。有些人认为它更像谷类，所以又称包谷、包米或玉米。李时珍说，玉米的苗叶看起来像蜀黍（高粱），因此命名为玉蜀黍。

外来作物适应当地的气候、水土和生产方式，往往需要漫长的时间。清代人们才发现玉米的优点——高产、耐旱、耐贫瘠，正好与稻麦形成

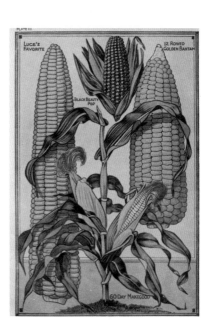

▶从产量看，玉米是全球第一大粮食作物，美国则是世界最大的玉米生产国。美国玉米宣传海报，1919年

互补。从亩产看，玉米比水稻或小麦高出近一倍。作为旱地作物，玉米种植在南方山坡，不与水稻争地；作为夏季作物，玉米在北方平原与冬小麦轮作，不影响小麦收成。从18世纪开始，玉米在我国各地迅速推广，替代了粟(小米)、黍(shǔ，糜子，即黄米)、高粱等传统作物。玉米入华300多年后，已经登上我国粮食作物第三把交椅，比小麦的本土化快多了。

玉米是神奇的作物，能够与时俱进，一次次华丽变身。它们退出了主食，却成为畜牧业的饲料，为我们提供更优越的动物蛋白；在小小的金黄籽粒中，人们提炼出玉米油、玉米淀粉、淀粉糖、变性淀粉等，延伸出数百种工业产品；在生物能源浪潮中，清洁的燃料玉米乙醇，可望代替高污染的汽油……古印第安人留下的这笔遗产，拥有无限的可能性，渗入了我们生活的方方面面。

小贴士

美洲作物入华

中南美洲居民独立驯化了许多重要作物，被称为世界三大农业起源中心之一(另两个是西亚和中国)。1492年哥伦布发现美洲，打开了一座栽培作物的宝库。明清时期先后引进我国的，就有玉米、番薯、马铃薯、木薯、南瓜、花生、向日葵、辣椒、番茄、菜豆、菠萝、番石榴、番木瓜、陆地棉、烟草等近30种，改变了我国的田园景观，也在很大程度上重塑了我们的饮食习惯，影响深远。

【小米】

唐代中期以前，我国的农业格局是"南稻北粟"，以后是"南稻北麦"。

跌下神坛的粟

"春种一粒粟，秋收万颗子。"我第一次见到割粟，是在山西东南的一个乡村，颇为惊奇。田野里，三五个农夫散落在齐肩高的谷子中间，只露出戴着草帽的脑袋，漂浮在成熟的谷地里。他们不弯腰，右手拿着一把小刀，左手配合，便灵巧地割下一串又一串谷穗。收割之后的田地，禾秆还留在原地，只是少了金黄的穗子，像是失魂落魄。

粟属于禾本科狗尾草属,是从野生狗尾草(俗称莠,yǒu)驯化而来的,谷穗仿佛柔软的大辫子,缀满了成千上万颗籽粒。挑回家,用连枷拍打,籽粒脱落,成为金灿灿的谷子。再用石碾脱壳,就变成晶莹的小米。

在南方,农人都是弯下腰,连株收割水稻的,脱粒后再挑着稻谷回家,收割后的田野空空荡荡。因为同属禾本科植物,水稻与粟很多称谓相同,例如植株都叫禾,籽粒都叫谷,去壳后都叫米——为了区别,人们后来把稻米叫大米,粟米叫小米。

◀粟是从野生狗尾草驯化而来的,其谷穗仍然与狗尾草的穗子相似。
(清)陈梦雷《古今图书集成》插图

▶粟是我国本土驯化的粮食作物,被尊为"五谷之长"。图为明宣宗朱瞻基亲自描绘的粟谷。(明)朱瞻基《嘉禾图》,1427年

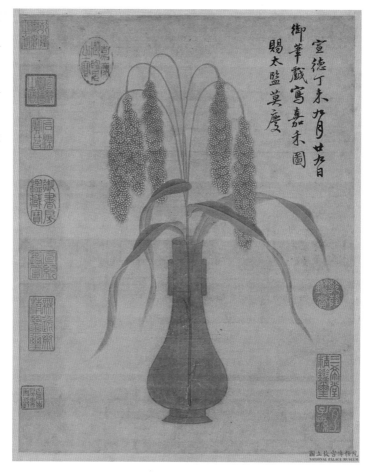

我国土地辽阔,南北气候迥异,历史上出现了两个截然不同的农业体系:长江流域的水田稻作文化,黄河流域的旱地粟作文化。稻与粟,都是我国本土驯化的作物,并且都有8000年以上的栽培史。水稻万年不衰,至今还是南方人的主食;但粟最后被小麦取代,沦为一种杂粮。大略说来,我国历史上的农业景观,以唐代中期为界,此前

是"南稻北粟",此后是"南稻北麦"。

粟又称稷(jì)、谷子,在古代有"五谷之长"的称呼,曾主宰我国北方的旱作农业数千年。粟最初是怎么来的呢?按《周书》的说法,是天上掉下来的:"天雨粟,神农耕而种之。"老天下了一场粟雨,掉落地上的粟粒发芽了,神农氏于是教人耕作。神农又称炎帝,是华夏民族的始祖,因为发明了农业,被后世尊为"五谷神"。

远古的天空似乎有神性,经常下些怪雨,往人间送各种东西,也包括五谷。根据任昉《述异

● **《周书》:** 又名《逸周书》《汲冢周书》,后代学者考定为先秦古籍,内容丰富,是一部关于西周至春秋后期的记言性史书。

◄传说"天雨粟",神农氏教人耕作,发明了农业。图中的文字为:"神农氏因宜教田,辟土种谷,以振万民。"(东汉)神农氏画像石(拓片)

▶传入欧洲的粟，曾在罗马时代和中世纪广为种植，是底层百姓的重要食粮。
欧洲中世纪佛罗伦萨手稿《健康全书》插图"小米"，14世纪

●《淮南子》：西汉淮南王刘安及其门客编写的哲学著作，属于杂家作品。据说刘安招揽了门客数千人帮他著书立说。刘安后来发动叛乱，失败自杀。

记》的记载，大禹的时代下过稻雨，所以古诗唱道："安得天雨稻，饲我天下民。"《淮南子》说，黄帝的史官仓颉发明文字，"天雨粟，鬼夜哭"，真是惊天地、泣鬼神。最有意思的是，《十六国春秋》记载了前凉国发生的一件奇事：公元334年，"天雨五谷于武威、敦煌"，人们把这些谷粒种到地里去，居然全活了，人们称之为"天麦"。如此说来，传说中的粟作农业受种于天，也有某些现实的影子。

有了农业，人们开始在大地上定居，稳定地生产粮食。粮食多了，就可以供养少数人作为国

王、巫师、儒生、战士和工匠。人类由此发明文字，建造城池，打造工具，文明诞生了。

墨子问弟子禽滑厘：现在是凶年，你要珍贵的随侯珠，还是要一钟粟？只能选一件。禽滑厘回答说：我要粟，可以救穷。兵荒马乱的年头，什么都没有粮食宝贵。司马迁《史记》记述了宣曲任氏的故事：秦朝末年，豪杰蜂起，竞相争夺金银财宝，唯独任氏用地窖储藏了大量粟谷。不久楚汉相争，百姓无法耕种，谷价飞涨，豪杰们的金银财宝都落到了任氏的手中。任氏才是有大智慧的人啊。

麦与粟都是旱地作物，但小麦产量更高，面食的口感也更好，唐代以后成为北方人的主粮。粟的地位一落千丈。如今，粟占我国粮食作物的比重不到1%，仅山西、内蒙古、河北等地有少量种植。我妻子喜欢吃五谷杂粮，有一回，我从山西长治带回来一袋"沁州黄"小米，是当地著名特产，味道香甜，她每天只舍得煮一碗粥。在我们的时代，粟是弥留于世的粮食"活化石"，古色古香，韵味悠长。

小贴士

孔子时代的五谷

我国古代有"百谷"和"五谷"之说。百谷泛指所有农作物，五谷指五种主要粮食作物。《论语》记载说，有位老农嘲讽孔子"四体不勤，五谷不分"——孔子从不参加劳动，连五谷都分不清。当时的五谷到底指哪五种粮食作物，后人争论了两千年，至今没有共识。但农史学家都同意，在孔子的时代，如果按重要性排名，我国北方的五谷应该是粟（小米）、黍（糜子）、麦（小麦）、菽（shū，大豆）和稻（水稻）。

【大豆】

大豆的食用价值深藏不露，需要一把独特的钥匙才能打开。

谁把豆子当饭吃

在粮食作物中，大豆自成一类，让人意外。谁会把豆子当饭吃呢？

大豆古称"菽"，是豆科、蝶形花亚科、大豆属植物。鲜嫩的豆叶可食，叫"藿"，采来煮粥，称"藿羹"。花开紫色，宛如翩然飞舞的紫蝴蝶。豆荚则像小小的刀鞘，外壳密布长毛，里面藏着两三粒椭圆形豆子。有时候，农人会趁它们尚未成熟时采摘,豆子还是青嫩的,就叫青豆或毛豆,水煮后剥食,别有风味。完全成熟的豆子变成黄色,俗称黄豆,晒干后硬如铜珠,足以同牙齿一较高低。

《诗经》是我国最早的诗歌总集,反映了2600年以前中原地区的社会生活,其中不少诗句涉及大豆。"中原有菽,庶民采之。"——田野里长满了大豆,众人一起去采。"采菽采菽,筐之筥(jǔ)之。"——赶紧采摘大豆吧,把竹筐都装满。我猜他们是采摘豆叶煮"藿羹",而不是采集豆子煮"豆饭"。

《诗经》时代的民众吃些什么粮食呢?稻米普通人吃不到;麦饭太难吃,是穷人的食物;一般是贵族吃粟,平民食黍。其实黍米饭也不好吃,不久就被豆饭取代。孔子说:"黍可为酒。"今天北方人还在种黍,听从圣人的教诲,主要用来酿酒。

战国与秦汉时期的文献,往往菽粟并称,大豆和小米成了当时的主食。《战国策》说:"民之所食,大抵豆饭藿羹。"可见普通百姓的食物,以豆饭和豆粥为主。《荀子》说:"菽粟不足……民必有饥饿之色。"《后汉书》记载,西汉末年闹饥荒,人们饿疯了,"黄金一斤易豆五斗"。请注意,饥民换的不是粟米,而是大豆。

饮食方式不易变化。中国人最早驯化稻和

●**《后汉书》**:南朝宋时期历史学家范晔编撰的纪传体史书,记载东汉共195年的历史,我国古代"二十四史"之一。《后汉书》与《史记》《汉书》《三国志》合称"前四史"。

豆腐是一项伟大发明,让大豆变得可口,成为经久不衰的中华美食。

●《氾（fán）胜之书》：氾胜之，西汉末年人，本书是他对黄河流域农业生产经验的总结，较为详细地记载了个别作物的栽培技术。我国古代五大农书之一。

粟，脱壳后整粒煮熟，松软香美，因此形成了"粒食"习惯。后来驯化大豆，引进小麦，也统统"粒食"，结果豆饭和麦饭的口感不佳。豆饭有一股腥味，不易消化，吃多了还会引起腹部胀气。大豆的唯一好处是比小米高产。西汉农书《氾胜之书》告诫说，种植粮食，要为每个人种上五亩大豆，防备

▶金韵梅医生(1864-1934)是我国第一位获得学位的女留学生，1917年被美国农业部聘用调研中国大豆，并将豆腐介绍到了美国。图为《纽约时报》刊载的金韵梅画像，1917年

▼(清)吴其濬《植物名实图考》插图

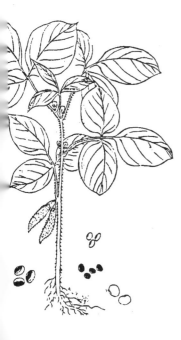

出现饥荒。豆饭再难吃，总比饿肚子强吧。

大豆作为主食的时间不长，大约四五百年。有些作物之美，深藏不露，需要独特的钥匙才能打开。小麦磨成面粉，发酵，才变得甘美。大豆磨成浆，制作成豆腐，才成为一种经久不衰的美食。

民间盛传，豆腐是西汉淮南王刘安发明的；从文献记载看，豆腐更可能出现于唐末五代。五代文人陶谷《清异录》写道：有个叫时戢(jí)的人为官清廉，有时吃不上肉，就每天买几块豆腐，当时人都称豆腐为"小宰羊"。北宋《物类相感志》又说："豆油煎豆腐，有味。"可知1000多年前，大豆

就有了新用途：榨油，做豆腐。

做豆腐不难，按李时珍《本草纲目》描述，无非是"水浸，破碎，去渣，蒸煮"，再点卤水。然而在古代，发现在煮沸的豆浆中加入凝固剂——卤水或石膏，就会生成豆腐，不知经历了多少失败。豆腐让大豆变得可口，让大豆成为农民喜爱种植的农作物，并产生了豆粕（pò）、豆浆、豆皮、腐竹、腐乳、豆干、油豆腐、臭豆腐等豆制品。

今天，中国是全球最大的大豆进口国，每年向美国、巴西、阿根廷购买数千万吨的大豆。这是因为，我国有限的可耕地首先要种植水稻、小麦和玉米等谷物，保证口粮安全。进口大豆用来压榨大豆油，榨油后的豆粕，是牲畜和家禽的优质饲料，为我们提供营养更为优越的肉类和蛋奶产品。

我们没有摆脱大豆。相反，生活水平越高，我们对大豆的渴望就越强烈。

小贴士

大豆向海外传播

大豆原产于中国，全世界的大豆都是直接或间接从中国引种去的。公元前200年，大豆就传入了朝鲜，随后传入日本。1712年，德国植物学家从日本将大豆引入欧洲；1740年法国传教士将中国大豆引至巴黎试种。美国于1882年种植大豆作为饲料作物，如今成为全球最大的大豆生产国。在英文（soy）、拉丁文、法文、德文和俄文里，大豆仍然保留了汉字"菽"（shū）的发音。

郭沫若先生评价陈振龙引进番薯的贡献："此功勋,当得比神农,人谁识?"

立功的救荒作物

冬日街头,烤红薯散发出诱人的焦香,吸引了不少孩子。番薯变成了一种健康零食。

番薯又称甘薯、红薯、红苕、地瓜等,旋花科番薯属植物,其地下椭圆形块茎可食,原产于中南美洲,后来被西班牙人带到菲律宾,明代传入福建。番薯并非"五谷",饥荒年头却可以代替粮食,填饱肚子,古人称之为"救荒作物"。

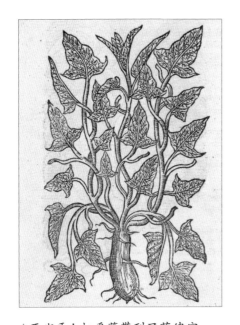

▲西班牙人把番薯带到了菲律宾，再被福建海商引种入闽，这是番薯传入中国最著名的一条路线。
(英)约翰·杰拉德《草本植物史》插图"西班牙甘薯"，1597年

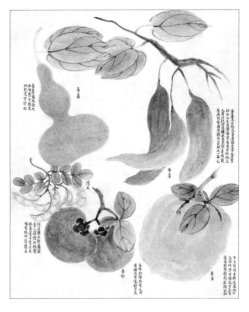

▲番薯曾经多次、多路线传入中国。这幅图描绘了清代台湾的番薯、香员(佛手柑)、番柿(毛柿)、葫芦和湾豆(荷兰豆)5种物产，其中番薯旁的题记写道："番薯……其种出文莱国。"可见台湾的番薯来自东南亚的文莱国。
(清)六十七《台海采风图考》插图，1745年

番薯入华，是我国农业史上的大事。福州市的乌石山上，清代建了一座"先薯祠"，纪念福建巡抚金学曾以及引种番薯的陈振龙、陈经纶父子。这里还有一段有趣的传说。

明末，福州长乐人陈振龙带着儿子陈经纶去

吕宋（菲律宾）经商，发现当地有一种朱薯，漫山遍野疯长，生熟可吃，有充饥饱腹的效果。他们想到家乡土地贫瘠，常闹饥荒，若能种植这种作物就好了。可是，吕宋当局把朱薯视为珍宝，严禁外传，怎么办呢？

朱薯很容易种植，不需要种子，随便扦插一截薯藤就能成活。他们于是买来一些朱薯藤，切成小段藏在竹筒内，躲过了盘查。也有人说，他们把薯藤编入竹篮里，外面再涂上泥巴；又有人说，他们把薯藤夹杂在船上的汲水绳中。无论如何，

▶清代以来人口暴增，高产作物番薯的推广缓解了粮食短缺问题。
古元《收红薯》，1960年

他们带着薯藤安然过了关卡，在海上航行了七天七夜，1593年农历五月抵达厦门。

福建人称外国为番邦，来自外番的朱薯因此称番薯。陈经纶向福建巡抚金学曾上书，请求官方推广番薯。经过试种后，金学曾下令福建各府县种薯，以备荒年。他亲自撰写了《海外新传七则》，宣传种番薯的好处，说不论天旱雨涝、大风蝗虫，这种作物都有收成，"每亩可得数千斤，胜五谷几倍"。次年福建正巧遇上大旱，粮食减产，不少饥民吃番薯活了下来，结果"荒而不灾"——虽然闹粮荒，但没有造成灾害。福州人感激金学曾，又称番薯为"金薯"。

首战就立下大功的番薯，在福建迅速推广。清初莆田人陈鸿观察到，整个闽东南地区种满了番薯，人们"三餐当饭而食"。在有些地方，番薯甚至变成了主粮。

郭沫若先生曾作词《满江红》，高度评价陈振龙引进番薯的贡献："此功勋，当得比神农，人谁识？"明清时期传入中国的美洲作物还有更重要的玉米和马铃薯，却不如番薯广受欢迎，这是为什么呢？

自古以来，中国人以水稻、小米、小麦为主粮，耕作十分艰辛，一遇台风、蝗虫和水旱灾害就产量大减，饥民只有坐以待毙。番薯这种随处可

● 郭沫若《满江红》：郭沫若（1892-1978），本名郭开贞，现代著名作家、历史学家和考古学家，曾任中国科学院院长、中国文联主席。《满江红》，词牌名。

▶ 传说菲律宾当局严禁番薯外传，1593年，福建长乐人陈振龙带着几截番薯藤，瞒过关卡引种回国。番薯是完美的救荒作物，救人无数。

活的旱地作物,不与五谷争地,产量奇高,富含淀粉,虽然食用过多会导致反酸、腹胀、打嗝,但无大碍,正好与我国主粮形成绝妙的互补。明末大学者徐光启亲自试种后,写了一本《甘薯疏》,推崇番薯为"救荒第一义",意思是最好的救荒杂粮。

陈振龙的后代不少人经商,所到之处,以推广番薯为己任。清初,陈经纶的孙子陈以柱就带着薯苗,教浙江宁波人种番薯;陈以柱之子陈世元,在山东胶州地区传授番薯种植技术;陈世元的三个儿子,把番薯推广到了河北与北京。1785年,河南遭遇大旱灾,乾隆皇帝下令从福建调集番薯苗,80多岁的陈世元带着孙子赶去河南指导种薯,不幸感染风寒,竟亡故于他乡。

在200多年的时间里,番薯从福建传遍了大江南北,拯救了无数人的生命。陈振龙家族的努力令人感动。

番薯的最大功劳是抵御饥荒。如今我国基本解决了粮食安全问题,番薯功成身退,被归入杂粮。而经历过粮食短缺年代的人,会产生两种截然不同的反应:像我,无论烤红薯多香,这辈子都不想再吃;或者像我妻子,难忘"番薯米"的味道,时不时买些回来重温。

小贴士

世界三大薯类作物

原产美洲的番薯、马铃薯(土豆)和木薯,号称世界三大薯类作物。出走美洲后,它们流落世界各地,最后都找到了自己的新家。中国堪称番薯的天堂,多年来一直是世界最大的番薯生产国,2019年占全球番薯总产量的56.6%,超过了其他国家的总和。欧洲地区纬度较高,气候寒凉,马铃薯大行其道,成为很多国家的主粮。在炎热的非洲和东南亚,木薯称王称霸,是数亿热带居民的口粮。

【葱】

在南派菜系里,葱花是大厨的点睛之笔。那些在高温中昏睡过去的菜肴,当即苏醒过来,活色生香。

让万物活色生香

无葱不成菜。葱是古老的香草,家家必备。我国新疆西部的帕米尔高原古称葱岭,就是因为山上多葱。《西河旧事》说:"其山高大,上悉生葱,故曰葱岭也。"

我国南方种植的都是小葱。年轻时,我在窗台上用破脸盆种了几株小葱,很少搭理,居然活得好好的。煮好方便面,我就折下几根空心葱叶,

剪成葱花,撒在面上,一股鲜香立刻扑鼻而来。

葱花,指的并不是它的白色花朵,而是切成碎段的青叶。它们精细而轻灵,像花朵一样娇嫩,散发浓郁的葱香。在南派菜系里,葱花是大厨的点睛之笔,预备在厨房,总是最后时刻出手。无论是一盘清蒸鱼,还是刚起锅的炒冬笋、醋熘排骨,撒上一把葱花一定没错。那些在高温中昏睡过去的菜肴,当即苏醒过来,活色生香。

我老家的谚语说:"生葱熟蒜。"意思是小葱要用生的,大蒜要煮熟。宋代医药学家唐慎微把葱称为"菜伯",能够协调好各种食材;五代学者陶谷说,葱就像药材里的甘草,具有和合众味的作用,又称"和事草"。在我眼里,葱是一种点色、提味、生香的日用香草,让万物变得可口。

后来我去北方旅行,才见到一种比大蒜更高大的大葱,植株高过人头,每株重达两三斤,像是小葱的"巨人版",让人望而生畏。葱的可食部分是葱茎,上青下白,上部的葱青是空心叶管,接近根部的葱白是层层裹紧的鳞茎。小葱主要吃葱青,香而不辛;大葱主要吃葱白,辛辣刺鼻。从这个角度看,大葱与小葱是截然不同的食材。

大葱的浓烈气味,足以压制一切腥膻(shān)气息,吃烤鸭、涮羊肉的时候必备。生大葱还可以

大葱是小葱的"巨人版",高大粗壮,辛辣刺鼻。对于北方人来说,大葱在手,再平淡的生活也变得津津有味。

当成蔬菜下饭。我见过一群蹲在路边的山东汉子，每人手持一根大葱，咬一口，再啃一口窝窝头，心满意得。再贫乏的生活，大葱在手，也变得津津有味。

百合科葱属，是一个庞大的家族，全世界有450多种，我国就有100多种。该属植物的最大特点是富含芳香油，辛香刺鼻，其中葱、洋葱、蒜、韭菜等种类，是中华饮食最重要的调味蔬菜，古人谓之荤(hūn)菜。佛家禁食荤菜。

◄葱也是欧洲人最喜欢的香料之一。欧洲中世纪佛罗伦萨手稿《健康全书》插图"卖葱的妇女"，14世纪

▶佳人如葱,玲珑
剔透,芳香入体。
左图:(明)刘文泰
等撰、王世昌等绘
《本草品汇精要》,
1505年
右图:(瑞典)卡
尔·林德曼,1917
年至1926年间

●《四民月令》:作
者为东汉后期的崔
寔,内容为当时一
个庄园地主全年
12个月家庭事务
的安排,以农事活
动为主。四民,指
士、农、工、商;月
令,一种文章体裁。

科学家说,小葱可能是从野生沙葱驯化而来
的,大葱又是从小葱里选育出来的。东汉后期,崔
寔(shí)《四民月令》记载:"三月别小葱,六月别
大葱,七月可种大小葱。"所谓别,是指把它们分
株,移栽。可见当时的洛阳地区,已经栽培了大葱
和小葱。1800多年后的今天,大葱依然坚守在中
原大地,但小葱已经跨越淮河、长江、珠江,征服
了全中国。

葱色碧绿、浏亮,最是让人难忘。以葱叶为原
型,后世演化出葱茏、葱郁、葱翠、青葱、葱茜等一
系列色彩词,饱蘸青春与生命活力。另一方面,鲜
嫩洁白的葱根——葱白,特别引人注目。汉乐府

《孔雀东南飞》称赞刘氏的手指宛如"削葱根",从此,美女都要有一双"纤纤葱指",否则就对不起观众。

佳人如葱,玲珑剔透,芳香入体。明清小说常把聪慧可爱的少女称为"水葱儿"。《红楼梦》里的凤姐奉承贾母,夸她把婢女鸳鸯调教得人见人爱,就说:"谁教老太太会调理人,调理得水葱儿似的。"谁不喜欢水葱儿似的女子呢?她们也是我们这个世界的点睛之笔。

小贴士

比姚明高的大葱王

南方人见惯了纤细的小葱。当山东人说"你还没有我家的葱高"时,不要争辩,很可能是真的。济南市章丘区出产的"章丘大葱",植株往往超过2米,葱白最长可达1米,茎粗5厘米,仿佛高大的芦苇。近年来,章丘每年都要举办大葱节,评选葱王。2020年,王金村村民苗发勇种植的一株大葱长2.532米,比2.26米的姚明高出一头,获得了当年的"葱王"称号。

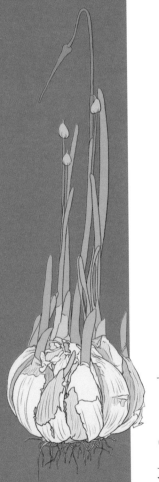

【蒜】

大蒜是热情而又谦逊的万能蔬菜,与所有的食材和谐相处,并添香增色。

大蒜的力量

中国人但凡有个小阳台,都希望种点蔬菜,首选葱蒜。

大蒜可以吃的部位有三处:蒜苗(叶)、蒜薹(tái)和蒜头。在南方,人们主要食用新鲜的蒜苗或蒜薹。煮饭之前,去菜地拔几株鲜嫩的大蒜,洗净,切段;根部的白色鳞茎还没形成蒜头,放入油锅,也散发出一股浓香。青绿的蒜叶与肉鱼、豆腐等同煮,既配色,又入味。大蒜是热情而谦逊的万能蔬菜,与所有的食材和谐相处,并添香增色。

大蒜可以看成一种自备香料的蔬菜——苗叶和蒜薹是蔬菜,蒜头是香料。有人偏爱蒜头,那就要耐心地等候大蒜成熟,蒜叶萎凋,地下鳞茎膨大成球状。仿佛橘子,每一个蒜头里都包含了好多枚蒜瓣,剥开后辛香刺鼻。有一回我在厦门翔安古宅村,吃到了农家自制的醋泡蒜头和盐腌蒜头。一枚枚蒜瓣金黄紧致、辛酸入骨,味道奇佳。我居然一口气吃下十多瓣。

北方人偏爱生吃蒜头。在新疆,我与一位当地摄影师进饭店,各要了一盘羊肉拌面,他望了一眼空荡荡的桌面,元气充沛地喊道:"老板,来点蒜头。"转眼一小碗蒜头就送了过来。我惊奇地看他掰开蒜瓣,撕去薄膜,把洁白的生蒜瓣一枚枚扔进嘴里,心满意足地咀嚼。"不吃一点?"他问我。"我们很少吃生蒜头。"我摇头说。南方与北方,像是两个世界。

大蒜来自西北,也许北方的吃法才是正宗。查考古籍,中国历史上有两种蒜,一种是原产我国的小蒜,一种是张骞从中亚带回的大蒜。先秦古籍《夏小正》提到了"卵蒜",说的是我国本土驯化的蒜。后来,西汉张骞从西域引进一种名叫

● 《夏小正》:先秦古籍,佚名,我国现存最早的一部关于农事的历书,按夏朝12个月的顺序,记载每月的物候、气象、星象和有关重大政事,特别是生产方面的大事。

▶俗话说"水仙不开花——装蒜"。大蒜与水仙有相似的叶片与鳞茎，但水仙花清新高雅，大蒜头气味俗辣。画中题记写道："同是蒜也，有雅俗之分焉。"
(清)李鱓《蔬果花卉册》"水仙"

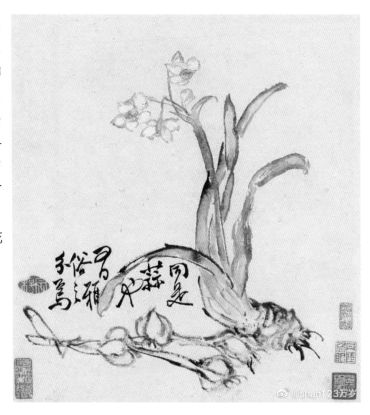

●《图经本草》：简称《图经》，又名《本草图经》，北宋学者苏颂等编撰，本书绘制了大量的药物图形，加以文字说明，是宋朝最完善的医药书。

"葫"的蔬菜，形态类似中国本地蒜，略大，故称大蒜。本地蒜于是改称小蒜。

所谓葫，或胡蒜，有纪念大蒜原产于西方胡地的意思。这种大蒜味道辛烈，受人喜爱，很快就占了上风。苏颂《图经本草》记载说："小蒜，野生。"可见小蒜在北宋已经被淘汰，沦为野菜，大蒜一统江湖。

大蒜，尤其是生蒜头，气味浓烈，能够激起人

◀大蒜原产于西亚，分头向世界各地传播。欧洲人对蒜头的痴迷，不亚于中国北方人。

欧洲中世纪佛罗伦萨手稿《健康全书》插图"采收大蒜"，14世纪

类的强烈生理反应，古人谓之荤菜。喜欢的人誉之为辛香，厌恶的人斥之为辛臭。道家和佛家都禁食葱、蒜、韭等"五荤"，认为它们辛味太重，乱人心性。南朝道士、著名医药学家陶弘景说：大蒜最熏臭，有毒，"久食损目明"——吃多了损害视力。

陶弘景的身影极其巍峨，后世学者就算不同意他的观点，也只能委婉表达。例如唐代医药学家陈藏器说："（大蒜）初食不利目，多食却明。"

●陶弘景：字通明，丹阳秣陵（今江苏南京）人，南朝齐梁时期的著名道教学者、医药学家。朝廷每有大事，常派人咨询他，人称"山中宰相"。

▶古代"反蒜主义"盛行,医药学家警告蒜"有小毒",但人们还是趋之若鹜。(明)刘文泰《本草品汇精要》插图

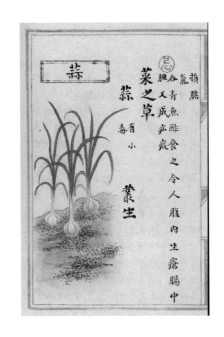

▼(清)吴其濬《植物名实图考》插图

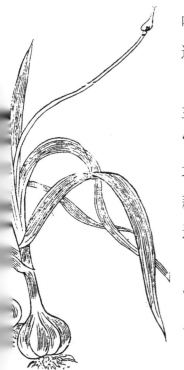

吃少了损害视力,多吃反倒改善视力,这是什么逻辑?

有了宗教界、医药界的支持,古代中国"反蒜主义"盛行。清代学者段玉裁作《说文解字注》,在"蒜"字后面增补了一句"菜之美者",竟引来人身攻击。信奉佛教的徐承庆在《段注匡谬》中怒批:蒜味臭恶,是最下等的蔬菜,称为美菜,作者"真逐臭之夫也"。

很多人把明代作家李渔捧为美食家。他在《闲情偶寄》中说,葱蒜和韭菜都是辛臭之物,让人满口污秽,所以他尽量少吃葱韭,"蒜则永禁

弗食",绝不沾边。我对他的品味产生了怀疑:你想,一位无法感受葱蒜之美的食客,真的了解美食吗?

大蒜是最具力量的食物之一。小小的一枚蒜头,像是装满火药的子弹,转瞬之间,就把我们带入辛辣、灼热、晕眩的境界,有信念的人害怕这种力量,所以大蒜是世俗的快乐。唐人赵璘《因话录》记载,宰相裴度常对人说:"鸡猪鱼蒜,逢著则吃;生老病死,时至则行。"有这份洒脱,才能了解大蒜之美。

北方人爱吃生蒜头,或许与他们常吃牛羊肉,需要克制强烈的腥膻味有关。有次在青海的一家小菜馆,我独自要了两斤手抓羊排,一碗八宝茶,一碟生蒜头。连筷子都没动,吃一块羊排,剥一瓣蒜头,添一回茶水,像是"服毒"之后立刻"解毒",居然把食物一扫而光。那回我吃下了最多的生蒜头,也吃下了最大一盘肥腻的羊肉。我感觉自己变成了北方人。

小贴士

姓"胡"的蔬菜

汉武帝派张骞通西域,随着丝绸之路的开通,西方作物纷纷引进中国,除了葡萄、石榴、核桃和苜蓿,还包括一批姓"胡"的蔬菜——胡蒜(大蒜)、胡麻(芝麻)、胡荽(芫荽)、胡瓜(黄瓜)、胡豆(豌豆)等。在古人眼里,西方为胡地,有胡人、胡食和胡物。到了五胡十六国时期,胡人石勒在北方建立后赵政权,忌讳"胡"字,很多蔬菜才改为今名。

【韭】

韭菜被称为"懒人菜"，栽种一次，就可以一茬茬收割。

一场春雨一茬韭

农事勤苦，常言道一分耕耘一分收获；想偷点懒，就去种一畦韭菜吧。《尔雅翼》云："韭者，懒人菜。"只要栽种一次，韭菜就年年岁岁生长，一茬茬收割。

韭菜原产于我国北方地区。内蒙古的呼伦贝尔草原、赤峰市等地，至今还有野韭菜，当地牧民常常采来包饺子、作调料。大约3000年前，我国

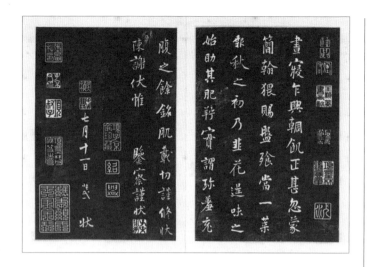

◀杨凝式午睡醒来，正好有人馈赠韭花，美味可口，于是写信致谢，其中"当一叶报秋之初，乃韭花逞味之始"，称赞初秋韭花之美。书法风神简静，结体妍丽，后人誉之为"天下第五行书"。

（五代）杨凝式《韭花帖》

就开始栽培韭菜，并用以祭祀。《诗经》云："献羔祭韭。"祭神的时候，要献上羊羔和韭菜。

与葱蒜一样，韭菜气味辛烈，佛教禁食。韭菜的叶子细长而扁，色泽翠绿，根茎洁白。实际上，割韭菜也有次数限制。北魏贾思勰《齐民要术》说："一岁之中，不过五剪。"但元代王祯的《农书》却说，每月差不多割两次，"一岁可割十次"。大约随着时代变化，韭菜的品种有所改进吧。

古人认为韭菜"春食则香、夏食则臭"，是季节性很强的蔬菜。春韭无疑最好，清香鲜嫩。民谚说："六月韭，臭死狗。"又说："八月韭，佛开口。"农历六月的夏韭，连狗都嫌弃；但农历八月的秋韭颇佳，连佛都愿意开口。晚秋时节，韭菜心会抽出一根挺拔的细茎，枝头含苞，称韭菜薹，别有一

●《齐民要术》：北魏贾思勰著，综合性农学著作，系统地总结了6世纪以前黄河中下游地区农牧业生产经验和技术，被誉为"中国古代农业百科全书"，也是我国古代五大农书之首。

蔬菜只要时新，便有佳味。东汉名士郭泰在家闭门讲学，故友夜访，他冒雨去菜地剪来春韭待客，成为千古美谈。

番脆爽的滋味。韭菜花叫"菁(jīng)",腌制成"菁菹(zū)",是一种重要的调味品。

古代蔬菜品种不多,韭菜栽培容易,非常普及。据《南齐书》记载,著名文学家周颙(yóng)在山中隐居吃素,文惠太子萧长懋(mào)问他什么菜最好吃,他回答说:"春初早韭,秋末晚菘(白菜)。"这句话后来变成了一个成语——早韭晚菘。蔬菜无所谓名贵,只要时新,便有佳味。

韭菜代表了一种简朴的平民生活。东汉名士郭泰淡泊名利,在家闭门讲学,有朋友晚上冒雨来访,他亲自去菜地"剪韭",做炊饼(即蒸饼,类似馒头)待客。这顿饭真是简单。数百年后,唐代诗人杜甫夜访卫八处士,也留下一句名诗:"夜雨翦春韭,新炊间黄粱。"——冒着夜雨剪来新鲜的韭菜,刚煮熟的饭中夹杂着黍米。一场春雨一茬韭,唯有故交好友,才能从散发泥土气息的一把春韭中,感受到彼此的深情厚谊。

达官贵人也吃韭菜。《洛阳伽蓝记》说,北魏尚书令李崇富倾天下,僮仆千人,但他却常常恶衣粗食,餐桌上只有韭菜和薤(xiè)菜。李元佑对人说:"李令公一食十八种。"有人不解。元佑回答:"二韭十八。"

北国的冬天没有韭菜。《汉书》记载说,隆冬

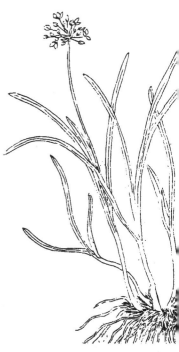

▼"菁"(韭花)是含义最优美的汉字之一,我们常说的"菁(精)华"或"菁(精)英",本义就是韭菜花。
(清)吴其濬《植物名实图考》插图

▶韭菜们不必妄自菲薄。死而复生、残而复原，是比杀戮更了不起的神仙本领。

（日）竹内清穗《麻雀和韭菜》，1890年至1900年间

季节，太官园盖了一间房屋，昼夜烧火升温，种出了葱和韭。李根蟠《中国古代农业》称："这是世界上最早的温室，比西欧的温室早1000多年。"

西汉太官园温室种出的韭菜，很可能就是韭黄。人们发现，如果让韭菜在黑暗中长大，因为无法合成叶绿素，最后将变成柔软的黄色叶片，这就是韭黄。宋代诗人苏轼就吃过韭黄，他在诗中写道："青蒿黄韭试春盘。"在北方，冬韭已是稀罕之物，柔嫩、珍奇的韭黄，身价更为高昂。

如今，韭菜已经沦为卑微之物。近年来，出现了一个网络热词"割韭菜"，不少人以韭菜自居，妄自菲薄。我想起明代作家王肃的《丰本传》，他用拟人的笔法写道：丰本先生（韭菜）于神农时代学道，得到了不死之术，后来隐居于田园菜地里，经常被兵士抓去髡（kūn）首（剃掉头发）、断肢或腰斩，但转眼又会复生，毫发无损，"众始知先生为仙人也"！

韭菜们不必自卑。死而复生、残而复原，是比杀戮更了不起的神仙本领。马王堆汉墓出土帛书《十问》说："草千岁者，唯韭。"在草本植物里，唯有韭菜永生。

小贴士

黑暗中生长的蔬菜

万物生长靠太阳。如果我们把植物移到黑暗中——例如地窖，会发生什么呢？植物仍然会生长，但是因为无法进行光合作用，合成叶绿素，会出现黄化现象：茎叶变得柔软细长，颜色转黄。利用黄化现象，人们很早就在黑暗（或弱光）中培育出了韭黄、黄豆芽等黄化蔬菜，柔嫩松脆，别有风味。这种技术被称为软化栽培，如今常用于韭菜、大蒜、大葱、芹菜、芋、姜等蔬菜。

【姜】

没有什么毛病是一碗
生姜红糖水解决不了的。

圣人的姜食

　　两千多年前，长江流域森林茂密，天气湿热，瘴疠(zhāng lì)盛行，北方人难以适应。但每一种自然生态，都为其他生命预备了隐秘通道。生姜，就是人类适应热带、亚热带气候的一把钥匙。潮湿不可怕，许慎《说文解字》说："姜，御湿之菜也。"邪气也不可怕，王安石《字说》称："姜，能强御百邪。"总之，房前屋后种上一畦姜，诸邪辟易，

乾坤朗朗。

　　在南方人看来,如果天下有一种药物包医百病,那一定是姜。感冒咳嗽、胃虚风热、疟疾伤寒、头痛牙疼、无名肿毒、体质虚弱……没有什么毛病是一碗生姜红糖水解决不了的。

　　生姜是多年生草本宿根植物,没有种子,依靠根茎无性繁殖。你把发芽的姜块埋在地里,苗

生姜在土里秘密生长,像金属一样,默默汲取大地的能量,变得辛辣、灼热,充满锋芒。

叶破土而出,长出青翠的地上茎;与此同时,它的地下茎悄然膨大为母姜,再分枝出许多子姜、孙姜,芽苗也相继破土。到了收获时节,一株姜苗变成了一丛,一块根茎变成了一个家族。

很难描述姜块的形状,它们枝枝节节,旁逸斜出,像胡乱嫁接的一堆混乱指头。姜是老的辣,母姜纤维粗老,气味辛辣,适合作调料;子姜幼嫩

◀生姜依靠根茎无性繁殖,母姜生出子姜、孙姜。到了收获时节,一株姜苗变成了一丛,一块根茎变成了一个家族。

(德)《科勒药用植物》插图,1883年

▼房前屋后种上一畦姜,诸邪辟易,乾坤朗朗。

(清)陈梦雷《古今图书集成》

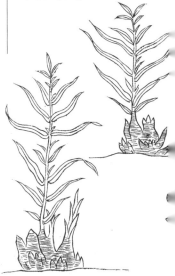

多汁,芽尖略带一点轻红,宛如女性纤指,可以当成一种蔬菜。

生姜的起源有多种说法,很多学者认为起源于东亚大陆南部,我国古代的百越族最早栽培生姜。五六千年前,百越族的一支登上独木舟,开始了波澜壮阔的史前大航海,从台湾迁徙到菲律宾、印度尼西亚群岛,再散播到太平洋、印度洋成千上万个岛屿,后人称之为南岛语族。他们随身

▶荷兰旅行家约翰·纽霍夫在中国旅行时见到的生姜。1655年，作者随荷兰使团从广州前往北京觐见清顺治皇帝，回国后出版了《荷使初访中国记》一书。

（荷）约翰·纽霍夫《生姜、帆船、宝塔和山脉》，1665年

携带的水稻、薯蓣（山药）、芋头和生姜，也在这些岛屿落地生根。英国作家安德鲁·达尔比《危险的味道：香料的历史》写道："这样生姜就从中国南方传到了菲律宾和香料岛上……后来生姜传播的区域更加广泛。"

宋元时期的中国人，继续带着生姜远航世界。14世纪中期，阿拉伯大旅行家伊本·白图泰在印度南部遇到来自中国的商船，惊奇地报告说："水手们让他们的孩子住在船上。他们在木桶里种植绿色植物、蔬菜和生姜。"

生姜很早传播到中原地区，并选择了孔圣人作为"代言人"。《论语》说，孔子"不撤姜食，不多食"，意思是孔子每餐必有姜食，但很克制，并不多吃。这有点奇怪，因为北方华夏族的早期医学

家对姜怀有偏见，认为多食会损害智力。《神农本草经》说，生姜"多食损智"；《名医别录》说，久服生姜会"少智、伤心气"。连苏东坡都受到了影响。《东坡杂记》记载，有一回，苏东坡吃了碗姜粥，感觉味道很美，他却突然感叹说："无怪吾愚，吾食姜多矣。"——难怪我笨，我姜吃太多了。

作为孔孟之道的传人，南宋朱熹挺身而出，为孔子不撤姜食辩护："姜，通神明，去秽恶，故不撤。"他认为食姜损智伤心之说是千古冤案。有意思的是，日本医学古籍《医心方》也附和道：如今吃姜的地方未闻人愚，没姜的地方也未闻人智，可见食姜损智"为浪说"——信口胡说。有了孔子和朱子的前后加持，姜在中国登上神坛，法力无边，几乎成为一种国民信仰。

姜葱蒜椒，调和万物，让一切变得芳香可口。那么，姜葱的魅力又来自何处？唐人段成式《酉阳杂俎》猜测说，它们汲取了贵重金属的能量："山上有葱，下有银；山上有薤，下有金；山上有姜，下有铜锡。"难怪，每次不小心尝到姜片，我都如受电击，像是吞下了一块辛辣、野蛮而又灼热的铜铁。像金属一样，生姜扎根大地，沉默而充满力量。

小贴士

世界生姜主产区

生姜是亚洲重要香料，有些学者认为原产于印度。印度人对香料的痴迷超过了中国人，所谓印度咖喱，其实就是生姜、肉豆蔻、桂皮、丁香、小豆蔻、胡荽、辣椒、洋葱、大蒜、姜黄等香料的混合物。根据联合国粮农组织资料，2018年世界十大生姜生产国，依次为印度、中国、尼日利亚、尼泊尔、印度尼西亚、泰国、孟加拉国、喀麦隆、日本和菲律宾。可见世界生姜的主产区，分布于亚洲和西非。

葵菜

葵菜堪称最失败的作物。昔日的蔬菜之王，改名换姓，几乎沦为野菜。

痛失王冠之后

我小时候吃过一种特别的菜，本地话叫"蕲（qí）菜"，又称滑菜。蕲菜秋种冬收，青绿的叶片宛如阔大的掌心，近乎圆形，做汤甘美滑腻。米饭与蕲菜同煮，饭菜十分黏滑，几大口就滑下了喉咙。蕲菜煮芋子是一道名菜，绿白交错，润滑而甜美。

离开闽西北老家后，我再也没有吃过蕲菜。我很纳闷，心想蕲菜或许是一种地方土产，不登大雅之堂。最近读书,发现葵菜又叫冬寒菜,江西有些地方称它蕲菜、滑菜。我恍然大悟,原来我老家的蕲菜,就是大名鼎鼎的葵菜。

葵菜,又称冬葵,锦葵科锦葵属植物,古代中国无可争议的蔬菜之王,曾被无数诗人深情地吟咏过。例如《诗经》:"七月烹葵及菽。"(七月煮葵菜和大豆);汉乐府:"青青园中葵,朝露待日晞。"(园中葵菜青青,晨露等待着阳光晒干);白居易:"贫厨何所有?炊稻烹秋葵。"(清贫的厨房有什么?无非煮饭烹葵而已)。在我的想象中,葵菜诗意盎然,光芒四射,生长在遥远的北方。

谁会想到呢,北方早已没有了葵菜,它的最后一点儿骨血隐姓埋名,流落到了武夷山区,滋养我长大。重温那些诗句,我充满感情,像是呼唤亲人的名字。

农学家说,野葵在中国分布很广,从食用的情况看,葵菜很可能起源于华北地区,栽培历史超过了3000年。《黄帝内经》提到上古最重要的"五菜"(葵、韭、藿、薤、葱),以葵菜为首。后魏农书《齐民要术》记载蔬菜种植技术,"种葵"列为第一篇。南宋《尔雅翼》说:"葵为百菜之主,味尤甘滑。"直到元代,农学家王祯还盛赞葵是菜中"上品"。

▶《诗经》名句：
"七月烹葵及
菽。"——农历七
月，家家都在烹
煮葵菜和大豆。
（日）《毛诗品物
图考》插图，
1784年

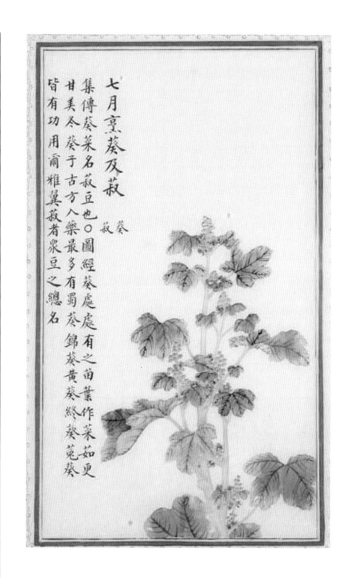

但是地位如此尊崇的葵菜，元末明初，被一种名叫菘（俗称白菜）的蔬菜取而代之。中国的蔬菜之王易主。

失去王冠的葵菜迅速被人遗忘。明代后期，

连博学多识的王世懋都不认识了,困惑地说:古人食菜必定谈到葵菜,但如今没有叫葵菜的,不知道到底是什么菜。医药学家李时珍倒是略知一二,说葵菜古人常吃,"今人不复食之,亦无种者"——如今没人吃也没人种。在《本草纲目》里,他把葵从"菜部"移到了"草部",当成一种野菜。

　　葵菜主宰了中国人的饮食两千年,为什么突然消失?这是一个农史之谜。当然,主要原因是白菜的品种改良了,更好吃,也更好保存。但我觉得,我国烹饪方式的大转变也是一个重要原因。唐代以前,中国人做饭用的是深口锅——鼎或

▼清代植物学家吴其濬穷追不舍,打探出葵菜的化名和隐居地,还雇人种了一畦冬葵菜。(清)吴其濬《植物名实图考》"冬葵"

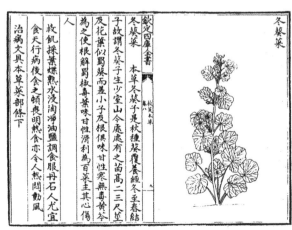

▲元明之际,葵菜被白菜取代,迅速被人遗忘,在有些地方沦为野菜。

(明)朱橚《救荒本草》插图,1406年

▶蜀葵与葵菜同属锦葵科,叶子相似,但蜀葵以花色艳丽、花叶向日著称,是我国明代以前的本土"向日葵"。

(清)邹一桂《蜀葵石榴》

釜,以蒸、煮为主;宋代以后流行浅底铁锅,以煎、炒为主。葵菜黏液太多,最适合煮羹做汤,如果放在铁锅中煎炒,容易焦煳。所以铁锅普及后,烹法单调的葵菜被更适合煎炒的白菜取代了。

相传葵叶向日。杜甫诗:"葵藿倾太阳,物性固难夺。"大意是,葵菜和豆类的叶子朝向太阳,这是它们的本性,难以改变。因此,明末一种美洲油料作物传入中国时,因为花盘始终朝向太阳,有人想

起了葵叶,给它取名向日葵。

奇怪的是,到了20世纪下半叶,很多研究古典文学的大学者也忘记了葵菜。1962年,北京大学中文系教研室选注的《两汉文学史研究资料》,把"青青园中葵"解释为园中的向日葵。当时出版的冯至《杜甫诗选》、萧涤非《杜甫诗选注》、朱东润《中国历代文学作品选》等著作,都把"葵藿倾太阳"误解为葵花向太阳。结果历史上葵菜积累起来的庞大文化遗产,被一种外来作物向日葵冒领。

吴其濬是清代植物学家,我觉得他很了不起,居然打探出葵菜的隐居地,在《植物名实图考》中披露:"冬葵……为百菜之主,江西、湖南皆种之。湖南亦呼葵菜,亦曰冬寒菜;江西呼蕲菜。"他痛批李时珍妄下结论,说什么"今人不复食",害得不种葵的人不认识葵菜,种葵的人也不敢称它为葵菜,结果葵菜只好改名换姓。

葵菜堪称最失败的作物。这位落难的蔬菜之王,如今仿佛一种无名野菜。成王败寇,栽培作物的兴衰史,也这般跌宕起伏,可歌可泣。

小贴士

"向日葵"与"向日菊"

锦葵科的两种植物有较强的向日性:一是葵菜叶子倾日,唐代诗人白居易诗"葵枯犹向日",写的就是葵菜;另一种是蜀葵花向日,宋代史学家司马光的名句"更无柳絮因风起,唯有葵花向日倾",写的则是蜀葵花。古人早就形成了"葵向日"的观念。明末入华的美洲作物向日葵是菊科植物,最初叫西番菊、向日菊,因为花盘向日,才改名向日葵。实际上,我国明代以前的"向日葵"才是真正的"葵"(锦葵科),外来的向日葵其实是"菊"(菊科)。

【白菜】

> 蜷缩在霜雪下的白菜，仿佛抱窝的母鸡，把生命孵化为糖，酝酿出令人难忘的甜。

大器晚成的王者

●《埤雅》：北宋学者陆佃编辑的词典，主要内容是《诗经》中动植物的名物考订，因为是对我国最早的词典《尔雅》的增补，故称《埤雅》。埤，增益的意思。

霜打的白菜最好吃。宋代诗人范成大写道："拨雪挑来塌地菘，味如蜜藕更肥浓。"塌地菘又叫塌科菜，贴地而生，是白菜的一个变种。蜷缩在霜雪下的白菜，仿佛抱窝的母鸡，把生命秘密地孵化为糖，最后酝酿出一种令人难忘的甜。

白菜起源于南方，古称菘。北宋陆佃《埤（pí）雅》解释说：菘的特性是凌冬不凋，有松树的节

◀古人说"咬得菜根香，百事可为也"。白菜代表了一种清贫、简朴的生活方式，能从寡淡的白菜里吃出滋味，方能成就大事。陶寿伯《白菜》

操，所以命名为"菘"。南方的冬天不太冷，那些四季不断、寡淡无味的白菜，需要一场霜雪帮助它脱胎换骨，升华为极致的美食。如果在北方，极端的严寒会把菜地里的白菜统统冻死，它们只好躲藏在地窖里过冬，不再炫耀什么"凌冬不凋"。

白菜是十字花科芸薹属作物，因为没有找到野生种，它的起源和驯化历史，还存在争议。一般认为，《诗经》中的名句"采葑采菲"，涉及三种日后大名鼎鼎的蔬菜，"葑"是菘（白菜）和芜菁（蔓菁）的共同祖先，"菲"则是萝卜的祖先。

大约到了汉末，葑菜的一支被驯化为叶菜类

的菘，主要吃菜叶；另一支被驯化为根菜类的芜菁，有点像圆萝卜，主要吃圆球状的根部。

早期的菘都是小白菜，不包心，以江南地区为栽培中心。陆佃的孙子、大诗人陆游晚年闲居，喜欢种菜，《菘园杂咏》云："九月区区种晚菘。"今人马南邨（邓拓）《燕山夜话》解释说："陆放翁种的晚菘，究竟是什么？原来所谓菘，就是北京人说的大白菜。"此说不够精确。南宋还没出现结球大白菜，陆游种的，应该是散叶小白菜。

唐宋时期，北方人很少见到白菜。唐《新修本草》断定："菘菜不生北土。"因为这时白菜的基因还不稳定。该书写道，有人带了白菜种子去北方播种，头年有一半变成了芜菁，第二年全变成芜菁；反过来，如果有人在南方播种芜菁，头年有一半会变成白菜，两年后全是白菜。种菘得芜菁，是不是很魔幻？

到了宋代，苏颂《图经本草》惊奇地报告说，汴京也能种菘得菘了，只是品质较差，菜叶不如南方的肥厚。这时，菘菜也开始被人称为"白菜"。戴侗《六书故》说："菘……其茎叶中白，因谓之白菜。"其实，菘的叶柄是白色的，叶梢青绿，各地小白菜、小青菜乱叫，反正大家都听得明白。

我常吃的小白菜，又称青菜，或上海青，叶片

▼"翠玉白菜"是台北故宫最受欢迎的藏品之一，也是世界上最昂贵的一棵"白菜"。（清）玉雕《翠玉白菜》

▶结球甘蓝又称卷心菜、洋白菜、包菜等,是欧洲独立驯化出来的重要蔬菜,与中国的结球大白菜同科同属,但不同种,二者有异曲同工之妙。(比利时)菲尔明·贝斯《少女与卷心菜》,约1903年

▶凛冬来临,北方人家往往囤积数百斤大白菜,变着花样,一日三餐上桌。从数量看,白菜无疑是我国当今的"蔬菜之王"。

青翠欲滴,叶柄白中泛绿,仿佛一个个精巧的青花瓷瓶,造型优美,色彩素雅。南方人常用小白菜来形容漂亮女子。《杨乃武与小白菜》说,生姑长得像天仙一般,"因她的身体娇小,玉肤如雪,都唤作小白菜"。

　　白菜的基因容易变异,在南方形成了很多地方品种,例如乌菘菜、瓢儿菜、矮青、塌科菜、箭杆菜、长梗白、矮脚白、油菜、菜心、乌青菜等等。最重要的一次遗传突变,是卷心黄芽菜的出现(也有学者认为来自白菜与芜菁的杂交)。

　　小白菜的叶子是向外散开的,但卷心黄芽菜不同,它的内叶(心叶)向内卷曲,把自己一层又

●杨乃武与小白菜:清末四大冤案之一,发生于浙江省余杭县。"小白菜"为当事人毕秀姑(又称生姑)的绰号。该案件影响很大,多次被改编为文艺作品,近年来被拍成同名电视连续剧。

一层裹紧,宛如菜球,所以又称结球白菜。卷心白菜叶片肥大,包裹严实,特别耐寒,每株重达十余斤,俗称大白菜。

北方的冬季寒冷而漫长,万物萧索。被初霜打过的大白菜,在地窖内储藏了一个冬天,越发甘美,做成泡菜或酸菜亦佳。北方人常说:"百菜不如白菜。"清道光《胶州志》说:"菘谓之白菜,其品为蔬菜第一。"白菜是大器晚成的蔬菜,栽培历史很长,但最终在结球大白菜征服北方后,登上蔬菜之王的宝座。

我在网上订购了辽宁本溪的4棵霜冻大白菜,两三天就送到了我的手中。它们来自地窖,表叶粗老蔫软,结球紧实。我把叶子一层层小心揭开,色彩从浅绿过渡到浅黄、金黄,越来越纤薄,像是从初春抵达灿烂的深秋。白菜有一种熟透的绵软,很甜。我想象中的东北有多冷,它就有多甜。

小贴士

白菜栽培中心北迁

白菜可以分为普通白菜(不结球白菜)和大白菜(结球白菜)两大类。明代以前,我国栽培的都是不结球白菜,并且主产于南方。叶静渊先生认为,大白菜是明代中叶(15至16世纪)首先在江南地区培育成功的,传播到北方,迅速成为黄河流域种植面积最大的蔬菜。天地翻覆,白菜的栽培中心转移到了北方寒凉之地。如今,北方种植的结球大白菜,无论数量、质量都远远超过了南方的普通白菜。

【芥菜】

芥菜百变,但一股呛人的辛辣味始终不变。

风味可人终骨鲠

白菜还是芥菜?我在生鲜超市里犹豫了一会儿,最终买了一把芥菜。两种叶菜我都喜欢,常吃。小白菜叶绿梗白,清爽俊俏,甜而有韧性;大叶芥身材婀(ē)娜,青葱入骨,入口微苦,转而回甘。人是杂食动物,但首先是素食动物,盛筵之后,最深的渴望依然是一把好草。

我有时想,所谓"百菜不如白菜",只是北方

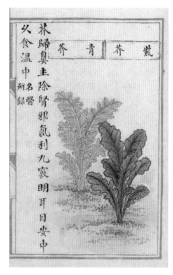
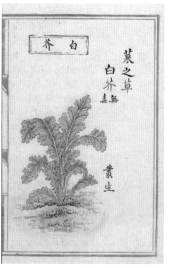

◀芥菜味道辛辣,刺激鼻腔,别有一番风味。

(明)刘文泰《本草品汇精要》插图

人的观点,毕竟大白菜是陪伴他们熬过漫长冬季的唯一叶菜。南方蔬菜品类众多,四季不断,更多人可能欣赏新鲜的时令芥菜。即使腌制成酸菜,一碟翠绿的雪里蕻(hóng),也比黄白色的泡菜清爽可人。

芥菜是十字花科芸薹属植物。我国西北的天山和祁连山中,至今还生长着野生芥菜,植株矮小,瘦瘦弱弱,一点儿也不起眼。古人很早就将它们驯化为栽培作物。细如小米的芥子(芥菜籽),研碎成芥末,是春秋时期常见的辛辣调料。长沙马王堆墓葬里遗存了2000多年前的芥菜种子。芥菜太平常了,人们往往称之为"土芥""草芥",形容它们烂贱如泥,卑微如草。

科学家说，芥菜的基因十分神奇，变化多端，擅长取悦人类。经过两三千年的人工驯化，野生芥菜沿着不同的方向，演化出4大类16个变种：有的变成了根芥，根部膨大，例如大头菜；有的变成了茎芥，茎部突起，例如笋子芥、抱子芥和茎瘤芥，腌制后的茎瘤芥叫榨菜，天下闻名；有的变成了薹芥，抽出一根肥大的花茎，柔嫩多汁；更多的变成了姿态各异的叶芥——大叶芥、小叶芥、花叶芥、长柄芥、凤尾芥、卷心芥、结球芥……

芥菜品种变异之大，形态之多样，让同属的

▶芥菜的基因十分神奇，变化多端，演化出许多变种。图片左侧根部膨大的大头菜，就是芥菜的变种之一。(德)安东·赛德尔《大头菜、大蒜和萝卜》，1890年

白菜和甘蓝望尘莫及。它们也因此家族繁盛，版图扩张：东起大海之滨，西抵新疆的喀什（kāshí），北起黑龙江的漠河，南至海南岛，到处都有芥菜的身影。

有趣的是，《说文解字》说："芥，菜也，从草，介声。"介的本义是铠甲，引申为刚介、孤傲和倔强——这似乎不大像芥菜的性格。《王祯农书》说，芥菜气味辛烈，"食之有刚介之气"——多吃芥菜，能够获得刚正不阿的气质。《澎湖纪略》把

◀芥菜开黄花，结出细小的芥子。佛教有"芥子纳须弥"之说，意思是芥子虽小，却能容纳巨大的须弥山，形容佛法微妙，不可思议。（日）《成形图说》插图，1804年

▶所有的芥菜变种,都从野生远祖那里继承了"芥辣"——芥菜家族的独特遗传记号。(清)恽寿平《青芥》

芥菜比喻为烈士,说它经霜之后,味益甘美,"当举以首蔬"——应当推举为首席蔬菜。为什么古人对芥菜的评价这么高?

原来,芥菜百变,但一股呛人的辛辣味始终不变。芥菜的辣味来自一种名叫芥末素的油脂。芥末素是芥菜的防身利器,只要身体破损,就会散发出强烈的刺激性气味,迫使草食动物放弃食用。

芥菜没想到,对于人类来说,适当的苦辣反而增添了滋味。《千字文》说:"菜重芥姜。"人们最喜欢的,偏偏是辛烈的芥菜和生姜。《图经本草》谈到青芥、紫芥、白芥、南芥、花芥、石芥,说它们味道辛辣,"皆菜茹之美者"——最美味的蔬菜。

芥菜之辣,与辣椒之辣不同。辣椒主要刺激

口腔,芥末素刺激的是鼻腔,有通鼻开窍的功能,往往催人泪下。《福建通志》称:"芥,味辛辣,归鼻。"吃海鲜的时候,蘸上一些生芥末,我们感到一股灼热的辛辣气息上冲鼻窦(dòu)和脑海,头晕目眩。煮熟之后的芥菜,芥末素的效力大打折扣,转化为轻微的辛苦,特别耐人寻味。实际上,芥菜被驯服的只是外表,其内在的野性并没有改变。

雪里蕻、大头菜、榨菜、大叶芥、卷心芥……芥菜的外表差异之大,让我们眼花缭乱。然而骨子里,所有的芥菜变种,都从野生远祖那里或多或少继承了"芥辣"——芥菜家族的独特遗传记号。陆游咏石芥:"风味可人终骨鲠。"在这个世界上,芥菜放下身段,让人们随意弯折、扭曲、修改,唯独坚守一颗辛辣的心灵,刚介如初。

小贴士

十字花科的蔬菜

如果说禾本科(包括水稻、小麦、玉米等)是人类的粮仓,养活了人类,那么十字花科就是人类的菜园子,为人类提供了众多蔬菜。十字花科的主要特征是十字形花冠,花朵四瓣。全科共有330多属,3500多种植物,其中芸薹属被驯化的蔬菜最多,包括卷心菜、菜花、西兰花、甘蓝、大白菜、小白菜、油菜、芥菜和芥蓝;其他属重要的蔬菜还有萝卜、荠菜、诸葛菜等等。十字花科蔬菜约占我国蔬菜种植面积的30%。

【葫芦】

按闻一多的说法,伏羲、女娲、盘瓠、盘古等词语,最初的意思都是葫芦。

瓢之大用

一个葫芦两个瓢。从前农村使用的水瓢,是把一个梨形老葫芦晒干,一劈两半,用半个干壳制成的。我从小就用葫芦瓢,抓住小头当手柄,用肥大的圆肚舀(yǎo)水,极为轻便,用完随手丢下,瓢还浮在水面上。葫芦瓢的历史非常古老。《论语》里孔子表扬颜回,说他住在破旧的巷子里,"一箪(dān)食,一瓢饮"——用一个竹器盛

饭,用一个瓢喝水,不改其乐。

　　用来制作瓢的葫芦,古代称匏(páo),又称瓠(hù)。许慎《说文解字》曰:"瓠,匏也。"二者是同一种东西。在葫芦顶部开口,掏空里面的瓢肉,可以把葫芦制作成一个密封的容器,存放酒、药、米和种子。亚腰葫芦有个细腰,系上绳带,挂在身上如同救生圈,游泳时能增加浮力,因此被称为"腰舟"。先秦古书《鹖(hé)冠子》说,葫芦不值钱,如果你在江河中翻了船,这时就"一壶(瓠)千

金"了。

国外学者认为葫芦原产于印度或非洲，但我国考古学家在河姆渡遗址发现了7000年前的葫芦籽，主张葫芦作物起源于本土。如果你熟读《诗经》，会明白两三千年前，葫芦就是中国人的重要蔬菜了。《七月》描述农事活动："七月食瓜，八月断壶（瓠）。"断壶，就是采摘瓠瓜。另一首《硕人》形容美女"齿如瓠犀"——牙齿像葫芦籽那样洁白整齐。作为一种重要的瓜类菜，葫芦长盛不衰，至今还出现在我们的餐桌上。

葫芦是爬藤植物，种籽很小，春天发芽后种下，夏季藤蔓就爬满了棚架，绿叶白花，悬瓠累累。幼嫩的青葫芦随时可采，无论素炒、炖汤还是烩肉，都清雅甘甜。如果任由葫芦在棚架上老去，它的外壳会逐渐木质化，变得坚硬，可以加工成多种器物。李时珍列举过葫芦的几大用处：大葫芦做成瓮罐，小葫芦做成酒壶；葫芦系腰可以浮水，葫芦笙可以奏乐；葫芦的瓢肉可以食用，葫芦籽榨油可供照明。古代，葫芦作为容器的价值远高于食用价值。

我国西南地区的少数民族，例如彝（yí）、佤、布朗、拉祜、傣族，还发现了葫芦的"大用"，流传"葫芦生人"的创世神话。神话的大意是，远古时

小贴士

葫芦科的瓜类蔬菜

葫芦科又名瓜科，全世界约有123属800种，其中很多被驯化为蔬菜作物。我们熟悉的瓜类蔬菜，如黄瓜、南瓜、冬瓜、葫芦、丝瓜、苦瓜、西瓜、甜瓜、西葫芦、佛手瓜，都是葫芦科的成员。葫芦科原产于热带地区，所以喜温耐热。它们多为一年生爬藤植物，有螺旋状的卷须，花朵大而鲜艳，果实被称为瓠果或瓜果。总体说来，瓜类蔬菜含有大量水分，清淡爽口。

葫芦与人类的历史同样古老，也许更老。在我国西南
地区，很多民族都流传"葫芦生人"的创世神话。

候，一对兄妹躲进了葫芦里，避过了大洪水，繁衍出整个种族。葫芦成了他们崇拜的图腾。

葫芦的名字，最初是单音字"瓠"，后来写作瓠芦、壶卢、葫芦等双音词。李时珍《本草纲目》解释说："壶，酒器也。卢，饭器也。"这是典型的望文生义。在训诂学家眼里，葫芦属于叠韵（韵母相同）联绵词，与双声（声母相同）联绵词一样，语义存在于语音之中。古代许多动植物名称存在双声与叠韵的现象，前者如蜘蛛、枇杷，后者如蜻蜓、橄榄，虽然各有两字，但只合成一个意思，不得拆成单字解释。葫芦一词，也是用语音表达概念，文字仅用于注音，没有深意。

语音不如文字稳定。千百年后，文字的读音变化太大，人们往往忘记它的本来意思。现代诗人闻一多写过一篇文章《伏羲考》，通过音韵学分析，他有了一个惊人的大发现：伏羲、女娲、盘瓠、盘古等词语，最初的意思都是葫芦，一音之转，在后世变成了华夏民族的始祖。他说："盘古的本义也是葫芦，盘古开天地，亦即葫芦的破裂。"在闻一多看来，汉族也是葫芦的后裔。

● 训诂学：中国传统研究古汉语词义的学科，以帮助人们阅读古典文献。训诂，就是用通俗的话去解释某个字的字义。

丝瓜

当青春消逝,丝瓜的生命只留下一些粗老的筋脉,变成了一团抹布……

横空出世的蛮瓜

　　有些蔬菜仿佛横空出世,突然间就登上了我们的餐桌。李时珍《本草纲目》说:"丝瓜,唐宋以前无闻,今南北皆有之。"北宋以前的中国人,似乎对丝瓜闻所未闻,记载罕见;到了南宋,丝瓜就爬满了南方农家的篱笆。丝瓜到底起源于哪里?又是如何传入中国的?不免令人好奇。

　　丝瓜是葫芦科丝瓜属，一年生攀缘性草本植物，全世界约有8个种，多分布于热带地区。我国有普通丝瓜和有棱丝瓜两种，前者大部分地区都有栽培，后者仅分布于华南广东、广西、台湾和福建等地。

◀青嫩的丝瓜甘甜，但人们往往有意把一些大丝瓜留老，目的是获得丝瓜络。

张书旗《丝瓜与鸡》，1955年

▶左图为有棱丝瓜。右图为普通丝瓜。

左图：（明）朱橚《救荒本草》插图

右图：（清）吴其濬《植物名实图考》插图

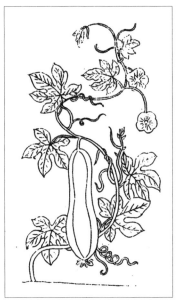

在我老家闽西北山区，两种丝瓜都有种植。丝瓜藤蔓柔软，毛茸茸的，四处游走，攀爬上棚架、篱笆和树冠，开黄花，垂挂下一根根条形青果。普通丝瓜又称圆筒丝瓜，果实长圆柱形，略弯，皮薄肉厚，味道有些绵软。有棱丝瓜的造型纤细优美，果皮上有10条纵棱，又称八角瓜，皮硬肉薄，容易折断，但肉质脆嫩，清甜可口。

既然有棱丝瓜更好吃，为什么还有人种植圆筒丝瓜呢？我想，大约是因为后者产量较高，还能提供更好的丝瓜络。对于农家，丝瓜与葫芦一样，除了食用，还有器用的功能。

徐光启《农政全书》说，丝瓜嫩小者可以食

用，"老则成丝，可洗器涤腻"——洗刷器物，清除油腻。农家往往有意把一些大丝瓜留老，任它们在秋霜中枯死，果肉失去水分后，只剩下一团空洞而粗糙的网状纤维组织——维管束。把老丝瓜采回家，去皮、去籽、晒干，剥离出完整的筋脉，就是丝瓜络。

《泉州府志》说，丝瓜老了其中有丝，"去皮取丝，可擦锅"。这令人感伤，当青春消逝，生命只留下一些粗老的筋脉，变成了一团抹布，被人用来洗碗刷锅。

丝瓜喜欢高温多雨的季节，难以越冬，说明它们原产于热带，一般认为起源于印度。彭世奖《中国作物栽培简史》说："中国丝瓜可能是从印度传入，唐朝以前未见记载。"

我国最早记载丝瓜的宋代文献，多半是医药学著作，把丝瓜当成药材使用。许叔微《本事方续集》称丝瓜："一名蛮瓜，一名天罗，又名天丝瓜。"为什么叫蛮瓜？因为古人称南方为南蛮。李时珍解释说："始自南方来，故曰蛮瓜。"

南宋陈景沂编著的《全芳备祖》，是我国第一部植物学辞典，完稿于1253年之前。该书引用了《草木记》一段文字：丝瓜，一名天罗絮，到处都有，开黄花，"结实如瓜状，内结成网"。毫无疑问

小贴士

丝瓜络的新生命

丝瓜络，是丝瓜成熟干燥后留下的维管束结构，呈网状，体轻，质坚韧，国外叫植物海绵。历史上，农家用它来刷锅洗碗，医家用它来治病。如今，丝瓜络又成为广受欢迎的环保洗涤用品。人们利用丝瓜络制成了浴球、洗澡巾、擦澡棒、鞋垫、拖鞋、盖被、床垫、枕头等生活用品，并且延伸到工业领域，如发动机滤油器、空调滤气装置、光学仪器镜头磨光器等。古老作物是人类的宝贵财富，每代人都会重新打量，发现它们的新价值。

▶把老丝瓜去皮、去籽,剥离出完整的筋脉,就是丝瓜络。
(意大利)乔治·博内利《阿拉伯丝瓜》,1772年

说的就是今天的丝瓜。在《老学庵笔记》里,南宋诗人陆游提到了一种用丝瓜络洗涤砚台的方法:先用纸除去墨汁,再慢慢"以丝瓜磨洗",就不会损伤砚台。

哪里最早种植丝瓜?今人程杰另辟蹊径,在爱如生《中国方志库》第一集中分省检索"丝瓜"二字,前三位是福建144条(台湾另有26条)、浙江142条、广东98条(海南另有21条)。福建、浙江最多。根据记载,广东的丝瓜是从福建传去的,明嘉靖《广东通志初稿》称:"丝瓜,一名水瓜,即

闽中天萝。"他认为,丝瓜很可能来自东南海路,宋代从闽浙一带登陆。

查找文献时,我意外发现赵汝适《诸蕃志》有两处提到丝瓜,该书完成于1225年,比《全芳备祖》更早。两处都出自《诸蕃志》卷下:一处是介绍大食(波斯)等国的"木香"时,形容它"树如中国丝瓜"——茎干仿佛中国的丝瓜藤;另一处是介绍真腊(柬埔寨)等国的"白豆蔻",又说"树如丝瓜,实如蒲萄"——茎干如丝瓜藤,果实像葡萄。

赵汝适是南宋宗室,任泉州市舶司提举,管理当时的东方第一大港——泉州港——的海外贸易,留下一部海外地理名著《诸蕃志》。他用"中国丝瓜"来描述海外物种,可见泉州当时遍种丝瓜,人们视之为中华物产,连泉州海关官员都不了解它的海外血统。难怪广东人会把丝瓜称为"闽中天萝"。

●《诸蕃志》:作者为南宋赵汝适,曾任泉州市舶司提举。该书记载了东自日本、西至东非索马里、北非摩洛哥及地中海东岸诸国的风土物产,是研究宋代海外交通的重要文献。

【萝卜】

萝卜解"面毒"之说颇为荒唐,却成就了小麦与萝卜两种作物的霸业。

"面毒"的解药

母亲来厦门住过一段时间,有次贪图便宜,多买了几斤萝卜,就切成萝卜条摊在锅盖上,拿去阳台暴晒。没想到这些用盐腌了两天的萝卜干,滋味极好,嚼起来生脆。我称赞说:"做萝卜干这么简单啊。萝卜真是天下最好的菜,清炒、炖汤、生腌,没有不好吃的。"母亲知道我的品位如此之低,十分欣慰,后来经常腌些萝卜干给我。

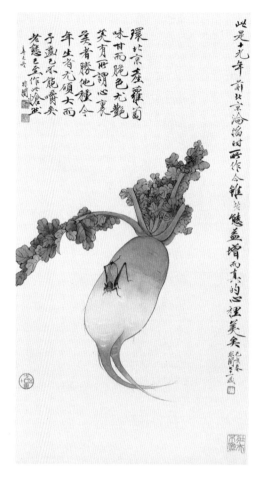

◀北京市郊出产的青皮红心萝卜，剖开后肉质艳丽，俗称"心里美"，可当水果生吃。

于非闇《心里美》，1941年

　　我有点惊奇，萝卜如此美味，为什么上古的文献里罕见提及？便去了解它的底细。原来，我国早就有萝卜了，只是早期记载较少，又频频改名换姓。在《尔雅》注疏里，萝卜的曾用名就有葖(tū)、苃葖、芦萉、芦菔、莱菔、温菘、紫花菘等等，让人眼花缭乱。

农业考古学家说,我爱吃的这种大白萝卜名叫中国萝卜,十字花科萝卜属,虽然地中海沿岸更早出现萝卜,但是中国萝卜并非引进,而是起源于我国本土。《诗经》里的"采葑采菲","葑"就是芜菁(蔓菁)与菘(白菜)的共同祖先,"菲"就是萝卜的祖先。

汉唐时期,萝卜最常用的名字是芦菔,或莱菔。唐代以前,芜菁是我国最重要的根类菜,有扁圆的肉质根,形态、口感都与萝卜差不多。既生瑜,何生亮?北魏农书《齐民要术》在隆重介绍蔓菁(芜菁)的栽培方法之后,简单提了一句:"种菘、芦菔法,与蔓菁同。"可见如今盛极一时的白菜和萝卜,在一千多年前,不过是芜菁的小跟班,微不足道。

唐宋时期,萝卜突然时来运转,成为一种各地广泛种植的蔬菜。苏颂《图经本草》描述说:"莱菔,南北通有,北土尤多。"宋代喜欢吃萝卜的名人很多。林洪《山家清供》记载,南宋著名学者叶适每次喝酒都要找萝卜,还要连皮生吃才觉得痛快。让他惊奇的是,另一位著名诗人叶绍翁,爱吃萝卜的程度不亚于叶适,但是人未老而发先白。林洪想起唐代药王孙思邈的警告,怀疑叶绍翁同时吃了地黄。

▼唐代以前,萝卜都活在芜菁的阴影之下,宋代咸鱼翻身,成为新的根菜之王。
(清)吴其濬《植物名实图考》插图

◀罗马执政官马尼乌斯·库里乌斯以廉洁著称,传说萨莫奈人带着黄金礼物来行贿,发现他正在煮萝卜。画面左边,手中拿着萝卜拒绝贿赂的人就是库里乌斯。

(荷)戈弗特·弗林克《比起黄金,马尼乌斯·库里乌斯更喜欢萝卜》,1656年

　　孙思邈曾经告诫说:"(萝卜)生不可与地黄同食,令人发白。"宋代笔记《国老谈苑》记载,宋太宗想重用寇准,又担心他年纪太轻,难以服众。寇准知道后,就找来地黄和萝卜同时服用,不久须发皆白。貌似老成持重的寇准如愿以偿,33岁就登上了参知政事(相当于副宰相)的宝座。

　　萝卜有这样的缺陷,为什么能取代芜菁,成

为首屈一指的根菜?我觉得,或许与当时流行的另一个奇异观念——萝卜能解"面毒"有关。

《图经本草》说:"莱菔,功同芜菁……尤能制面毒。"这本书还记载了一个小故事:从前有个印度婆罗门僧来到中土,看到有人吃麦面,大惊说:"此大热,何以食之?"接着他看到面食中放了萝卜,才放下心来,说全靠此物解毒。从此以后,口耳相传,吃面必须同时吃萝卜。如今的兰州拉面里还要加点萝卜片,就是这种观念的遗留。

▶樱桃萝卜流行于欧美地区,是一种小型萝卜,肉质细嫩,最适合鲜食。(日)渡边青亭《老鼠与樱桃萝卜》,1918年前

小麦制成的白面为什么有毒?古人认为,白面因为去除了麸皮,就成了大热之物,会伤身。长期以来,"面毒"一直是影响小麦普及的重要原因。现在好了,既然《图经本草》这样的权威著作宣称找到了解方,小麦就摆脱了"毒"名,大规模种植,堂而皇之成为北方主要粮食作物。

在小麦推广的过程中,作为"面毒"的解药,萝卜如影随形,栽培面积跟着扩大。被芜菁压制了两千多年的萝卜,逆袭成功,成为新的根菜之王。

当初萝卜取代芜菁,或许是出于误解,但是经过农艺师一千年来的辛勤培育,萝卜已经被改良为完美的根菜,比芜菁更适合人类口味。

萝卜解"面毒"之说,荒唐无稽,却成就了小麦与萝卜的霸业。历史的奇妙在于,即使一个错误选择,有时也能产生良好结果。

三种萝卜

萝卜是十字花科萝卜属蔬菜,其家族包括三大类:白萝卜、青萝卜和樱桃萝卜。我国种植的主要是白萝卜,又称中国萝卜,体型较大,煮熟才可以食用。青萝卜的外皮和内心都是青色的,可以当成水果鲜食,如山东潍坊萝卜;还有一种外皮青色、内心紫红的,叫"心里美"。欧美各地种植的多为樱桃萝卜,很小,外形仿佛樱桃,适合鲜食。值得注意的是,胡萝卜(红萝卜)是伞形科胡萝卜属植物,并非萝卜家族成员。

【芋头】

生芋毒性大,沾惹不得,煮熟之后才成为一种美食。

会"咬人"的美食

　　闽西北农村从前烧柴灶,煮完饭菜,还剩下一炉火炭,这时候连皮埋几个芋子进去,就能吃到煨芋。剥去焦黑的芋皮,芋肉白嫩腻滑,香气袭人,热乎乎咬上一口,又酥又软,最好蘸点酱油。但我小时候生活清苦,往往就这样素吃,味道也让人怀念。

　　我后来才知道,这种最土的吃法,风雅之至。

洪厓老夫煨榾柮
盡寒庆平加額是誰
敲破雪中門頑癩翠
蹲鴟以奉客

◀朱耷是明皇室后裔，明亡后出家，号八大山人，是中国画一代宗师。画面题诗说"拨尽寒灰手加额"，描绘的正是"煨芋"情景。(清)传綮（朱耷）《写生册·芋》

唐代高僧懒残用牛粪煨芋，分了半个给李泌，李泌就做了十年宰相。宋代煨芋成风，苏东坡写过《煨芋帖》；李纲有"寒炉拨火"的《煨芋》诗；陆游与朋友酒后畅谈，肚子饿了，就煮栗子、煨芋魁（kuí），夸耀"味美敌熊蹯（fán）"——味道甘美抵得上熊掌。

芋又称芋芳，俗称芋头，天南星科芋属植物，原产于我国南方、东南亚和印度。我国早期的古籍中将芋头当成一种奇怪的物种。东汉《说文解字》称："芋，大叶，实根，骇人，故谓之芋也。"意思是，芋头叶子阔大，块茎累累，模样吓人，见到的人都不免"吁"的一声倒抽冷气，这个受惊的象声词就成了"芋"字的声旁。《史记》也有趣，形容硕

危险让美味更具诱惑力。芋头全株有毒，被"咬"后双手热辣辣的，麻痒难忍，要放到火上烘烤才能止痒。尽管如此，芋头依然是许多人的最爱。

◀按《说文解字》的说法，芋头形象怪异，见到的人都不免"吁"的一声倒抽冷气，这个受惊的象声词就成了"芋"字的声旁。
左图：（日）佚名，约1800年
右图：（清）《中国自然历史绘画·本草集》，19世纪

大的芋魁为"蹲鸱（chī）"——蹲着的鸱鹰，后来，人们就把"蹲鸱"当成了芋头的别名。

芋头让人害怕，主要原因还不是模样怪异，而是全株有毒，沾惹不得。天南星科是著名的"毒窝"，其中我们熟悉的半夏、龟背竹、海芋、芋头、魔芋都有毒性，需要小心对付。唐代《新修本草》警告说："芋，味辛……有毒。"元代《王祯农书》说，蝗虫所至，草叶无存，"独不食芋"。你看，连蝗虫都知道躲着芋头飞。

我从前给生芋头刮皮，或者把芋叶切成猪菜，双手沾上了芋头的汁液，热辣辣的，麻痒难忍，按我老家的说法，这就是被芋头"咬"了。被芋头"咬"过的地方会传染，碰到哪里的皮肤，哪里就出现奇痒。用水洗手是没用的，最好的办法是

▶芋头是古老的粮食作物，一些太平洋岛国至今仍然以芋头为主食。
（英）约翰·纽金特·费奇，英国《柯蒂斯植物学杂志》第120卷插图，1894年

●《三山志》:南宋状元梁克家撰写的第一部福州地方志。福州城内有屏山、乌山和于山三座小山,所以福州别称"三山"。

把这双手放到灶火上烤——高温杀毒。所以芋头不能生吃,煮熟之后,毒性消失,才成为一种美食。

闽西北种植的主要是多子芋,俗称菜芋,当成蔬菜食用。每株芋头下面都有一个母芋(魁芋)和一群子芋。宋人梁克家《三山志》说:"小者如卵,生魁旁,食之尤美。"描写的就是多子芋。把鸡蛋大小的子芋蒸熟,撕去皮,松软甘滑,无论红烧还是捣烂煮羹,美味无敌。

菜母芋纤维粗老,有些人家用来喂猪,我觉得切成细丝炒肉特别开胃。厦门的菜市场买不到菜母芋,回到老家,我才偶尔吃到。母芋丝有种沧桑感,厚实而黏滑,嚼之劲道十足。

闽西北也有大魁芋,俗称槟榔芋,全株只有一颗大母芋。槟榔芋比较贵重,甜而粉糯,香酥可口,但不适合烹煮成家常菜肴。移居厦门后,我发现闽南一带种的全是槟榔芋,特别壮硕,蒸熟了就当饭饱餐一顿。原来,槟榔芋不适合下饭,是因为它自己就是一种"饭"。

芋头的球茎里含有大量淀粉,可以充饥,是古老的粮食作物。栽培水稻出现后,大米成了南方人的主食,芋头才沦为杂粮或蔬菜。北宋苏颂《图经本草》说,南方福建等地种植芋头,"当粮食而度饥年"。清人李调元有诗:"种蔬多种芋,可作凶年备。"饥荒时期,我们才会记起,芋头也可以当饭吃。

芋头栽培容易,产量高,被很多热带居民当成主粮,百吃不厌。"万家都饱芋田饭。"清代台湾诗人杨浚写道。据乾隆年间《重修台湾府志》记载,台湾少数民族种芋头,"魁大者七八斤,聚以为粮"。在萨摩亚、汤加、瑙(nǎo)鲁等太平洋岛国,人们至今以芋头为主食,吃得肥肥胖胖。

我小时候还吃过芋梗。这东西平时都当成猪菜,有时家里实在没有菜,才与猪争食。新鲜的芋梗撕去外皮,切成斜片,放进锅里稍煮一下,捞起,再下锅与青辣椒一起炒,变成绵软的一小碟。我经常向朋友提起吃芋梗的经历,在一次次追忆中,它的味道越来越美。有一次,偶然在"农家乐"餐馆遇到这道菜,竟难以下咽,从此断了念想。人生的很多美好回忆,其实不必重温。

小贴士

芋头的毒性

芋头的花、叶、茎都有毒,毒性物质主要是汁液中的草酸钙,会让人类的接触部位发痒发红。经过无数代人的培育,芋头的毒性已经大大降低,最简单的办法是通过高温烹煮去毒。生芋头有毒,不可食用,没煮熟的芋头会麻舌头。芋头一定要完全熟透才能食用。还要注意的是,与芋头相似的野芋(海芋)有大毒,烹煮也无法消除毒性,可能会致命。

【辣椒】

辣是一种触觉,吃辣的境界是痛快——痛,并快乐着。

人们为什么吃辣

"为什么吃辣的人都那么神气?"妻子问道。我哑然失笑。她是闽南人,不解辣的滋味。我老家紧邻江西,是福建罕见的重辣县之一,每次老乡聚餐,总要点几个特辣的菜,一个个吃得嘴唇哆嗦、额头冒汗,还抱怨辣度不够。言谈之中,似乎吃辣是了不起的一件事。

酸甜苦辣咸,各有所好。世上有人擅长吃醋,

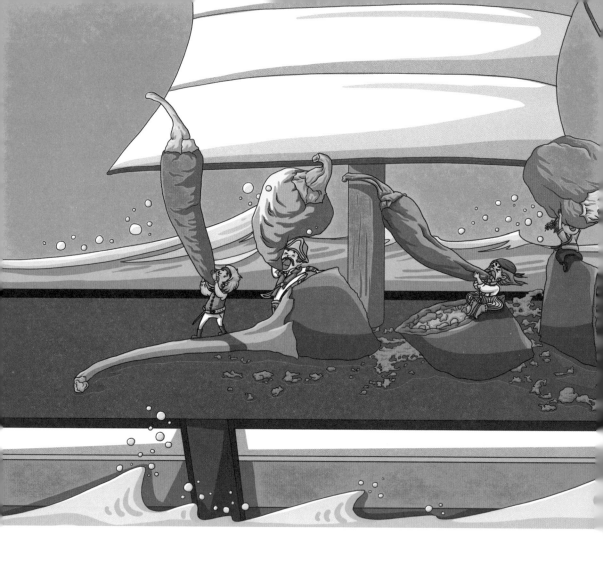

　　有人嗜甜如命，有人喜欢吃苦瓜、咸菜，他们都很谦虚，低调。只有吃辣者耀武扬威，把吃辣当成勇敢者的游戏，于是就有了一句俗话："四川人不怕辣，贵州人辣不怕，湖南人怕不辣。"因为互不服气，很多地方都举办"辣王争霸赛"，让人一较高低。

　　辣并非味觉，而是一种触觉。科学家说，辣椒里面含有辣椒素，能刺激我们的痛觉神经，让舌

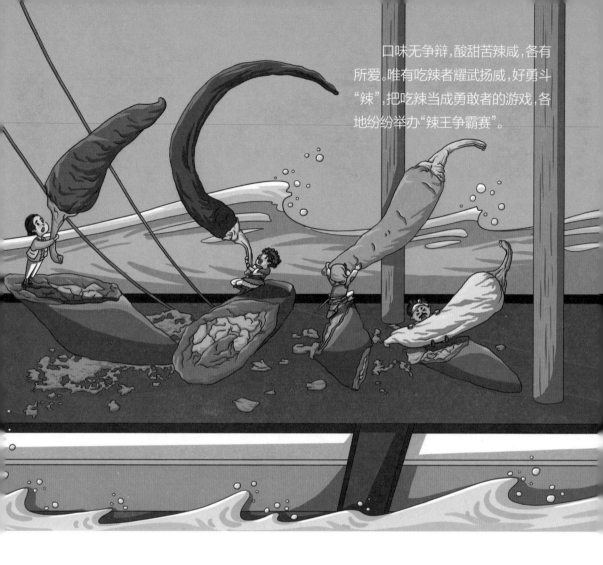

口味无争辩，酸甜苦辣咸，各有所爱。唯有吃辣者耀武扬威，好勇斗"辣"，把吃辣当成勇敢者的游戏，各地纷纷举办"辣王争霸赛"。

头产生烧灼的感觉。我们的大脑误以为舌头受了伤，分泌出一种名叫内啡肽的物质产生愉悦感，安慰我们。换句话说，吃辣椒的目的，就是伪造出舌头烧伤的幻觉，欺骗身体释放出宝贵的内啡肽，一种带给我们快乐的化合物。

所以吃辣的境界，是痛快——痛，并快乐着。辣度越高，痛苦和快乐就越浓烈。辣椒堪称有史以

◀画面上出现了三个小辣椒，大约画家被辣到了，题诗告诫自己：世道变了，"从今相与先防辣"，以免吃到嘴里后悔。

(清)李鱓《蔬果花卉册》之一

来辣度最高的香料，在它面前，我国传统的花椒、胡椒、生姜和茱萸，都黯然失色。廉价、易得的辣椒，让"苦中作乐"成为平民百姓的家常便饭。吃辣者吃苦耐劳，豪情满怀，或许与他们拥有这一神奇能力有关吧。

辣椒是茄科辣椒属植物，原产于中南美洲，哥伦布发现新大陆后，才开始在欧洲、非洲和亚洲传播。我老家至今称辣椒为"番椒"，表示它们来自海外。但辣椒进入中国并非易事，因为我国沿海省份对辣椒不感兴趣，它必须想办法混进内地，才能找到知音。

●《群芳谱》：全名《二如亭群芳谱》，30卷，是明代学者王象晋编著的植物学巨著，记载栽培植物400多种。后来，清人在《群芳谱》的基础上扩充，编成《广群芳谱》100卷。

我国最早的辣椒记载，出现在明末高濂的《遵生八笺(jiān)》(1591年)"四时花纪"中，他写道："番椒，丛生，白花，果俨似秃笔头，味辣，色红，甚可观。"白花，红果，果实仿佛用秃的毛笔头，味辣，应该就是辣椒了。原来，辣椒首先是凭借自己的色相，让浙江人当成观赏植物栽培的。

许多年后，我们在非常遥远的地方发现辣椒的踪影：山东王象晋《群芳谱》(1621年)把辣椒称为"秦椒"，代替花椒使用；湖南《武冈州志》(1663年)把辣椒列入蔬菜；贵州《余庆县志》(1717年)

▼（清）吴其濬《植物名实图考》"辣椒"

▲与很多美洲作物一样，辣椒被西班牙人带到菲律宾，又传入闽浙沿海。

（西班牙）尼古拉斯·莫纳迪斯《论从西印度带来的简单药物在医学上的应用》辣椒插图，1574年

◀辣椒是有史以来辣度最高的香料，因为物美价廉，数百年内就征服了全世界。

左图：(德)莱昂哈德·福克斯《新草药书》插图，1543年

右图：(清)《中国自然历史绘画·花鸟画谱》"番椒"，19世纪

记载苗族种植辣椒，"用以代盐"。在这些地区，人们终于把辣椒放进嘴里，让舌尖被刺痛、灼伤，发现了辣椒的秘密。接着，辣椒随着湖南、湖北的移民进入了四川，大刀阔斧地改造川菜。清末，辣椒征服了长江中上游流域，形成我国西南重辣区。

辣椒是川菜与湘菜的灵魂。剁椒鱼头、宫保鸡丁、回锅肉、麻婆豆腐、永州血鸭、酸菜鱼、水煮肉片、辣子肥肠、毛肚火锅……再平常的食材，被鲜红的辣椒点燃，都变成热情似火的美食，让人垂涎欲滴。最近数十年，随着川菜和湘菜不断攻城略地，辣椒的版图也在迅速扩张。我国成为全球辣椒大国，每年生产的辣椒占世界辣椒总产量

的一半以上。

辣椒一统江湖的最大障碍,依然是我国东南沿海省份,当地口味清淡,并且早就形成了苏菜、浙菜、闽菜和粤菜,饮食文化深厚。江浙人吃惯了甜食,甜辣相克;闽粤人迷恋海鲜的本味,舌尖敏锐:他们都拒绝接受辣椒。

谁能预言未来呢?辣是一种超越味觉的触觉经验,让我们的肉体颤抖、疼痛和狂喜,难以抗拒。辣椒为饮食美学开拓了新境界。无论如何,辣椒是史上最成功的物种之一,改变了世界。

小贴士

我国的"重辣区"

我国的食辣版图,据蓝勇先生研究,可以分为三大板块:长江中上游流域重辣区,北方微辣区,东南沿海淡味区。其中的重辣区,主要包括四川、重庆、湖南、湖北、江西、贵州、云南等省市。另外,我国各地食辣还形成了自己的特色,有人总结说:四川与重庆麻辣、贵州酸辣、湖南香辣、江西咸辣。

后记

"为什么天天吃米饭，没有一点儿创意。有没有更好吃的主食呢?"孩子还小时，曾经这样问我。

忘了当初是怎么回答的。如果换成今天，我会这样回答:孩子，选择不多。你已经得到了最好的。

人类原来是自然界的采集者，野生果实并非为人类而生，难吃极了。一万年前，人们开始驯化作物，农业革命诞生。驯化的目的，就是以人类为中心，改良农作物的口感、营养和产量。

据说人类驯化过2500多种动植物，其中250多个物种被完全驯化，变成了家畜、粮食、蔬菜、水果、布料等，供养着人类。

回顾历史，稻米、小米、玉米、小麦、马铃薯、番薯、木薯、大豆、芋头都充当过人类的主食，能填饱肚子，但如今只有三种最优秀的作物——水稻、小麦和玉米，成为主要粮食，养活了全球90%以上的人口，其余的被称为杂粮。

蔬菜的竞争特别激烈。尽管人类驯化过上千种蔬菜，但农贸市场里，常见的不过百来种。无数种蔬菜在历史长河中沉浮，盛衰无常。叶菜竞技，白菜将葵菜拉下了王座；根菜争霸，芜菁被萝卜取而代之；香料较量，大蒜把小蒜赶回荒野，辣椒让茱萸销声匿迹……我们餐桌上的菜肴，与唐人、汉人的食谱大不一样。

毫无疑问，幸存下来的五谷百蔬，必定更好地迎合了人类的舌尖、肠胃和身体。也就是说，更美味，更安全，更有益于健康。

食物不会横空出世。食物史就是人类的文明史。那些原本无名的植物，因为与人类奇妙遇合，才拥有响亮的名字，有了被人牵挂的起源、演化和迁徙。这本小书讲述的，就是谷蔬在中华大地上的变迁故事。

最后，我还想表达一种感激之情。如果早生一万年，我们可能要饮血茹毛。何其幸运，我们才降生人世，就吃上了香喷喷的白米饭、馒头、烤红薯，还有可口的芥菜、丝瓜、芋子、豆腐、泡菜、萝卜干、蒜头、辣椒佐餐。要知道，为了准备这些食物，我们的祖先忙乎了数千年！

萧春雷

2023年3月21日于厦门翔安